森林康养旅游服务质量提升路径研究

高艳静 著

中国纺织出版社有限公司

内容提要

本书属于森林康养旅游服务与游客感知两方面综合研究的著作。本书针对森林康养的概念、发展方法等做了详细介绍，综合考察了森林康养旅游的服务质量对游客感知价值、满意度和忠诚度的影响机制，并对森林康养旅游的高质量发展进行了探索。全书由绪论，相关概念、理论基础与相关研究进展，模型构建与研究假设，问卷设计与数据收集，数据分析，研究结论与展望等部分组成，对样本数据进行描述性统计分析、探索性和验证性因子分析、路径检验和中介作用分析，提高了本书的实用性与应用性。对森林康养决策者、从业人员及广大研究者具有一定的参考价值。

图书在版编目（CIP）数据

森林康养旅游服务质量提升路径研究 / 高艳静著
. -- 北京 : 中国纺织出版社有限公司，2022. 11
ISBN 978-7-5229-0082-7

Ⅰ. ①森… Ⅱ. ①高… Ⅲ. ①森林生态系统－旅游保健－旅游服务－服务质量－研究－中国 Ⅳ. ① S718.55 ② R161 ③ F592.3

中国版本图书馆 CIP 数据核字（2022）第 220873 号

责任编辑：赵晓红　　责任校对：高　涵　　责任印制：储志伟

中国纺织出版社有限公司出版发行
地址：北京市朝阳区百子湾东里 A407 号楼　邮政编码：100124
销售电话：010—67004422　传真：010—87155801
http：//www.c-textilep.com
中国纺织出版社天猫旗舰店
官方微博 http：//weibo.com/2119887771
北京虎彩文化传播有限公司印刷　各地新华书店经销
2022 年 11 月第 1 版第 1 次印刷
开本：710 × 1000　1/16　印张：12.5
字数：205 千字　定价：89.90 元

前言

随着现代全球经济的快速发展、城市化进程的不断推进及老龄化程度的加深，人们现在面临很多健康问题，主要涉及身体健康和心理健康。据世界卫生组织调查，在全世界有 75% 的人群处于亚健康状态。数据表明，我国 14 亿多人口中有 70% 的人群处于亚健康状态，慢性非传染性疾病占全国人群死因构成已经升至 85%，慢性病和亚健康已经成为全面健康的最大威胁。研究表明，森林康养对于提高人体免疫力具有重要的作用，是一种生态健康的疗养方式。森林康养也是我国生态文明建设的重要组成部分，体现了我国发展循环经济的绿色发展理念，也是落实“绿水青山就是金山银山”的有效途径。

从产业发展、消费者需求和国家政策的支持力度来看，森林康养产业是一个朝阳产业，但在中国还处于起步阶段。面对日益增长的消费者需求，我国森林康养产业目前出现了一些缺乏整体意识、盲目扩张等问题，导致地区内部供给结构失衡。具体表现在相关政策体系不够完善，不能完全用于指导实践的发展；森林康养产品不够多元化；基础设施不健全，存在交通不畅、通信网络覆盖不到、防护设备不齐等；森林康养队伍紧缺、专业性知识缺乏；社会参与积极性不高等问题，这些问题严重阻碍了我国森林康养产业的快速发展。森林康养旅游是促进森林康养产业发展的一个重要引擎，然而以上这些问题也严重制约了当前森林康养旅游的发展。

为此本书基于顾客感知服务质量差距模型，对森林康养的服务质量进行全面考量，该模型主要涉及有形性、可靠性、保证性、响应性和移情性五个方面，涵盖了森林康养设施、服务水平、服务态度、人才等各方面。本书基于顾客满意度理论、忠诚度理论、人本理论、顾客感知服务质量模型等构建了森林康养服务质量对游客忠诚度的影响模型，探索服务质量对游客忠诚度的影响机制、影响路径。该书采用问卷调查法、深度访谈等途径获得第一手数据，共收集有效问卷340份，采用描述性统计分析、探索性因子分析、验证性因子分析、路径检验和中介效应分析等方法对数据进行分析。研究结果显示，森林康养旅游服务质量有形性、可靠性、响应性和移情性对游客满意度和游客忠诚度有显著的正向影响，而森林康养旅游服务质量的保证性对游客满意度和游客忠诚度的影响不显著；游客满意度在森林康养旅游服务质量有形性、可靠性、响应性、移情性和游客忠诚度之间存在中介作用。本书对该研究结论进行了详细的探讨。最后，根据实证结果，本书提出建立健全森林康养旅游发展相关法律法规、完善森林康养旅游设施、完善产品结果和深挖文化内涵、加大专业人才培养、建立消费者对品牌的依恋 、增进游客对社区及成员的关系信任、建立多方利益协调机制等管理建议。

不可否认的是，本书存在很多不足之处。首先，在样本选择方面，全部是在鄂东大别山地区的森林康养基地进行发放，因此该研究结果主要适用于该地区。本书得出的结论是否可以推广到湖北省乃至全国，这是一个需要进一步调研验证的问题。未来的研究可以从全国森林康养基地随机抽样，样本的代表性会更好一些，从而研究的结论更具有代表性、普适性。其次，在模型构建方面，本书基于SERVQUAL模型构建了森林康养旅游服务质量对游客忠诚度的影响模型，而服务质量对游客忠诚度的影响是个复杂的系统，可能还会有其他因素影响游客忠诚度，比如旅游目的地形象、游客感知价值、游客信任等变量。另外，消费者的个体因素也是影响服务质量的重要方面，如性别、年龄、个人喜好、职业、旅游动机等。因此，在未来的研究中，可以考虑纳入这些变量以更好地解释森林康养旅游服务质量对游客忠诚度的影响。再次，在假设检验方面，除了路径分析、中介作用分析，未来还可以考虑哪些因素可能会调节服务质量对游客忠诚度的影响。游客忠诚度的衡量一般从重游意愿和推荐意愿来衡量，而在本书中，并未将两者进行区分，而是使用游客忠诚度来表征，为了更好地区分游客的重游意愿和推荐意愿，未来可以将两个变量同时纳入进来，以期更好地了解游客的忠诚度。最后，游客的行为受到客观环境和自身心理和身体条件的双重影响，本书仅从森林康养旅游服务质量方面探索对其忠诚度的影响，未能从游客的不同属性特征探索游客的忠诚度，如性别、年龄、学历层次、收入状况等。未来可从这些方面入手，进行深入研究，以期更好地理解游客不同属性特征和森林康养旅游服务质量对其忠诚度的影响。

我国森林康养产业方兴未艾，前景非常广阔，受到国家的高度重视，但现阶段森林康养的发展仍存在大量的问题。对于森林康养旅游的研究目前还处于较为初级的阶段，未来仍需要大量研究人员深入对森林康养产业和森林康养旅游的研究。由于笔者能力有限，书中难免存在错漏、谬误之处，敬请广大读者批评指正！

高艳静

2022 年 9 月

目 录

第 1 章　绪论

1.1　研究背景与意义

1.1.1　研究背景

（1）人们越来越关注健康旅游

随着社会的进步，人们对于健康的理解和追求，已不仅仅是简单的身体健康，而是扩展到心理、精神等各个方面。现代意义上的健康，不仅是指身体上的健康，还包括心理上的健康，只有两者达到良好状态，才意味着全面意义上的健康。

随着现代全球经济的快速发展、城市化进程的不断推进及老龄化程度的加深，人们现在面临很多健康问题，主要涉及身体健康和心理健康。据世界卫生组织调查，在全世界有 75% 的人群处于亚健康状态。数据表明，我国 14 亿多人口中有 70% 的人群处于亚健康状态，慢性非传染性疾病占全国人群死因构成比重已经升至 85%，慢性病和亚健康已经成为全民健康的最大威胁，老年病在疾病谱中逐步成为医疗保健的重点工作。

旅游是修身养性之道，旅游有益于人的身心健康，能够对人的心理和身体进行疗养。健康旅游是采取提供预防保健、康复疗养、疾病治疗和休闲养生等一系列服务，达到游客能够在旅游中获得健康的旅游业态，其面向人群包括健康人群和患病人群。随着中国大众化旅游的发展，人们的健康意识逐渐提高，未来可能会有越来越多的游客参与到此种旅游业态中。

国家卫生健康委员会、财政部等五部门联合印发的《关于促进健康旅游发展的指导意见》（国卫规划发〔2017〕30号）指出，紧紧围绕消费需求，加快发展健康产业，促进健康服务与旅游深度融合，并于同年批示13个健康旅游示范基地。

2018年，国家旅游局与国家中医药管理局联合发布了《国家旅游局 国家中医药管理局关于公布第一批国家中医药健康旅游示范基地创建单位名单的通知》，共有73家单位入选。这表明国家从供给侧方面开始提升健康旅游的服务设施。

《中华人民共和国国民经济和社会发展第十四个五年规划和2035年远景目标纲要》要求全面推进健康中国建设，把保障人民健康放在优先发展的战略位置，坚持预防为主的方针，深入实施健康中国行动，完善国民健康促进政策，织牢国家公共卫生防护网，为人民提供全方位全周期健康服务。坚持中西医并重，大力发展中医药事业。提升健康教育、慢性病管理和残疾康复服务质量，重视精神卫生和心理健康，促进全民养成文明健康生活方式，完善全民健身公共服务体系，加快发展健康产业。

（2）森林康养旅游方兴未艾

我国具有发展森林康养旅游得天独厚的优势，森林面积达2.08亿公顷，森林覆盖率达到21.6%。森林绿海景象能直接作用于人的中枢神经，舒缓压力和疲劳，改善身体机能下降等亚健康状况。同时，森林的负氧离子能促进人体的新陈代谢，提高免疫力，改善因作息不规律引起的免疫力下降。

森林康养是以森林资源开发为主要内容，融入旅游、休闲、医疗、度假、娱乐、运动、养生、养老等健康服务新理念，形成一个多元组合、产业共融业态相生的商业综合体，是我国大健康产业新模式、新业态、新创意。

为此，国家颁布了一系列政策来指导和规范森林康养旅游的发展，具体见表1–1。

表1-1　我国森林康养发展政策汇总

年份	政策文件	森林康养主要内容
2013	《国务院关于促进健康服务业发展的若干意见》（国发〔2013〕40号）	提倡有一定资源条件的地区进军国内及国际市场，对当地的优质资源进行全面整合，比如中医药、绿色生态、体育与医疗保健、养老养生等多种项目资源，进而打造一个健康的森林旅游基地
2016	《中国生态文化发展纲要（2016—2020年）》（林规发〔2016〕44号）	以国家级森林公园为重点，建设200处生态文明教育示范基地、森林体验基地、森林养生基地和自然课堂。推进多种类型、各具特色的森林公园、湿地公园、沙漠公园、美丽乡村和民族生态文化原生地等生态旅游业，健康疗养、假日休闲等生态服务业；推动与休闲游憩、健康养生、科研教育、品德养成、地域历史、民族民俗等生态文化相融合的生态文化产业开发，加强基础设施建设，提升可达性和安全性。发展具有历史记忆、文化底蕴、地域风貌、民族特色的生态文化村，打造崇尚“天人合一”之理、倡导中华美德之风、遵循传承创新之道、践行生态文明之路的美丽乡村和各具特色的发展模式
2016	《国务院办公厅关于完善集体林权制度的意见》（国办发〔2016〕83号）	推进集体林业多种经营。加快林业结构调整，充分发挥林业的多种功能，以生产绿色生态林产品为导向，支持林下经济、特色经济林、木本油料、竹藤花卉等规范化生产基地建设。大力发展新技术新材料、森林生物质能源、森林生物制药、森林新资源开发利用、森林旅游休闲康养等绿色新兴产业
2016	《关于大力推进森林体验和森林养生发展的通知》（林场发〔2016〕3号）	要在开展一般性休闲游憩活动的同时，为人们提供各有侧重的森林养生服务，特别是要结合中老年人的多样化养生需求，构建集吃、住、行、游、娱和文化、体育、保健、医疗等于一体的森林养生体系，使良好的森林生态环境真正成为人们的养生天堂。要加强森林体验（馆）中心、森林养生（馆）中心、森林浴场、解说步道、健身步道等基础设施建设，完善相关配套设施建设
2016	《关于启动全国森林体验基地和全国森林养生基地建设试点的通知》（林园旅字〔2016〕17号）	把发展森林体验和森林养生作为森林旅游行业管理的重要内容，要结合各地实际，统筹谋划，积极推进，以抓好、抓实森林体验和森林养生基地建设为切入口，充分汲取国内外相关领域的发展理念和成功经验，努力提高建设档次和服务水平，不断满足大众对森林体验和森林养生的多样化需求

续表

年份	政策文件	森林康养主要内容
2017	《林业发展“十三五”规划》（林规发〔2016〕60号）	“十三五”林业发展的主要目标：森林年生态服务价值达到15万亿元，林业年旅游休闲康养人数力争突破25亿人次，要求大力推进森林体验和康养，发展集旅游、医疗、康养、教育、文化、扶贫于一体的林业综合服务业。开发和提供优质的生态教育、游憩休闲、健康养生养老等生态服务产品
	《国家林业局办公室关于开展森林特色小镇建设试点工作的通知》（办场字〔2017〕110号）	完善基础设施。建设水、电、路、讯、生态环境监测等基础设施和森林步道等相应的观光游览、休闲养生服务设施，为开展游憩、度假、疗养、保健、养老等休闲养生服务提供保障，不断提升小镇公共服务能力、水平和质量 培育产业新业态。充分发掘利用当地的自然景观、森林环境、休闲养生等资源，积极引入森林康养、休闲养生产业发展先进理念和模式，大力探索培育发展森林观光游览、休闲养生新业态，拓展国有林场和国有林区发展空间，促进生态经济对小镇经济的提质升级，提升小镇独特竞争力
2018	《中共中央　国务院关于实施乡村振兴战略的意见》	实施休闲农业和乡村旅游精品工程，建设一批设施完备、功能多样的休闲观光园区、森林人家、康养基地、乡村民宿、特色小镇
2019	《关于促进林草产业高质量发展的指导意见》（林改发〔2019〕14号）	积极发展森林康养。编制实施森林康养产业发展规划，以满足多层次市场需求为导向，科学利用森林生态环境、景观资源、食品药材和文化资源，大力兴办保健养生、康复疗养、健康养老等森林康养服务
	《关于促进森林康养产业发展的意见》（林改发〔2019〕20号）	到2022年，建成基础设施基本完善、产业布局较为合理的区域性森林康养服务体系，建设国家森林康养基地300处，建立森林康养骨干人才队伍。到2035年，建成覆盖全国的森林康养服务体系，建设国家森林康养基地1 200处，建立一支高素质的森林康养专业人才队伍。到2050年，森林康养服务体系更加健全，森林康养理念深入人心，人民群众享有更加充分的森林康养服务

续表

年份	政策文件	森林康养主要内容
2020	《关于科学利用林地资源促进木本粮油和林下经济高质量发展的意见》（发改农经〔2020〕1753号）	提出要统筹推进林下产品采集、经营加工、森林游憩、森林康养等多种森林资源利用方式，推动产业规范发展
	《关于开展申报2020年全国森林康养基地试点建设单位的通知》（中产联〔2020〕38号）	开展第六批"全国森林康养试点建设单位"的申报工作。截至2020年8月底，收到了来自全国各地501家单位的申报资料。经过主管部门推荐、现场考察、专家审查、主管部门批准等程序，确定了山西省晋城市沁水县等33家单位为2020年全国森林康养基地试点建设县（市、区），山西省朔州市应县下马峪乡等48家单位为2020年全国森林康养基地试点建设乡（镇），北京市密云区太师屯镇仙居谷森林康养基地等224个单位为2020年全国森林康养基地试点建设单位，山西省晋城市沁水县樊村森林康养人家等61家单位为中国森林康养人家
2021	《全国林下经济发展指南（2021—2030年）》（林改发〔2021〕108号）	加快发展森林康养产业等5个重点领域

我国森林康养产业发展比较早的地区是四川和湖南，20世纪90年代，成都周边山区就出现了依托农家乐开展森林康养的民间自发形态。森林康养作为一项新兴产业在我国尚处于萌芽阶段，发展潜力巨大。

近年来，河北、北京、陕西、黑龙江、浙江、湖北等地也开始积极探索森林康养旅游，建设了一批森林康养试点基地，完善相关设施，积极发展以森林康养为中心的产业经济。

2021年，我国各类自然保护地、林草专类园、国有林场、国有林区等区域共接待游客超20亿人次，同比增长超过11.5%，超过国内旅游人数的一半。"十三五"时期，我国森林旅游游客总量达到75亿人次，创造社会综合产值6.8万亿元，其中，2019年森林旅游游客量达到18亿人次，创造社会综合产值1.75万亿元；2016—2019年，全国森林旅游游客量年均增长率达到14.5%，占国内旅游人数的比例从27%上升到30%；2020年下半年，森林旅游复苏势头强劲，全年游客量达到2019年游客量的 84.2%。森林康养成为浙江林业第一大产业，全省森林康养产值达到 2348 亿元，市值 100 亿元以上的企业有 9 个；全省共有 70 多个县（市、区）、600 多个乡镇、3 000 多个村、50 多万人直接从事森林康养经营活动，带动社会就业 200 万人，带动其他产业产值近 1 000 亿元，重点地区农户增收 40% 以上来自森林康养产业。广西林业生态旅游和森林康养年接待游客 1.45 亿人次，总消费额 1 300 亿元，占广西文旅产业收入总额的 20% 以上。

森林康养成为我国未来旅游发展的重要趋势，具体表现在以下四个方面。

第一，森林康养将成为人们提高生活质量的首要选择。森林所特有的生物资源和环境，能够为人们提供良好的康养体验。目前，研究发现，森林康养可以有效解决肥胖、高血压、高血脂等健康问题和抑郁、焦虑、担心等一些精神疾病。对于亚健康人群，森林康养是一种非常好的疗养方式。森林康养的资源具有不可替代性、可持续性，所以森林康养旅游未来将成为人们提高生活质量、提升幸福指数的首要选择。

第二，森林康养将成为低碳经济的发展路径。低碳不仅是解决问题的一种有效方式、发展经济的一种绿色方式，更是现代人追求健康的一种生活方式。随着低碳经济和低碳发展的理念发展，人们逐渐转向打造一个健康的生活环境，而在森林环境中开展各类康养活动，既是低碳生活方式的最好体现，也是森林作为人们的康养场所的生态价值的最好体现。这意味着森林康养将成为低碳经济、循环经济的重要发展路径，推动低碳生活与经济的可持续发展。

第三，森林康养将成为创新驱动的重要突破。由森林旅游到森林康养旅游的转变，不仅是我国发展森林经济的重要尝试，更是中国大健康产业与旅游产业融合的新起点。完善森林康养产业的产品结构，探索发展模式，满足日益增长的消费者的新需求，对于促进森林经济的可持续发展具有重要的意义。森林康养产业可以和文化产业、康养产业、体育产业、养老产业、温泉产业等多种产业关联，实现产业融合发展，快速实现集群化，打造森林康养的多功能产业服务体系，从而为经济建设和社会福祉创造更多利益。

第四，森林康养将成为林业转型升级、实现生态扶贫的必然趋势。

将康养功能赋予森林资源，为中国林业的发展提供了新的思路和发展方向。森林康养产业的发展，可以充分发挥林区的资源优势，同时结合当地的其他资源融合发展，如温泉资源、中医药资源、农耕资源、非遗资源等，充分带动林区居民参与到康养旅游建设和发展中，带动当地居民致富，真正实现"绿水青山就是金山银山"的绿色发展理念，是实现生态扶贫、巩固脱贫成果的重要手段。

（3）森林康养旅游服务质量短板阻碍发展

目前我国森林康养旅游产业得到了快速发展，但出现了一些缺乏整体意识、盲目扩张等问题，导致地区内部供给结构失衡。目前一些森林康养旅游企业盲目追求高利润、高回报的建设项目，基础设施投资比例已接近90%，这些投资主要用于基建、房产等基础设施的建设上。森林康养旅游产品较为单一，目前还是以森林观光旅游为主，配套的文化、教育、体育、医疗、康养等都不成熟，出现了明显的供给短板。具体表现在以下五个方面。

第一，森林康养产业结构不健全。在人口老龄化与亚健康化的大环境下，森林康养产业这一涵盖生态学、老年学、经济学与医学的综合性产业也必将得到大力发展。

现在这个产业发展尚处于萌芽阶段，各项制度政策都还不够完善，还未形成一个完整的产业链和一个具体高效的商业模式，国家还未落实一个具体且完整的资金链，所以是很难得到社会普遍重视的。然而，林业作为我国经济建设中非常重要的组成部分，国家一直以来都十分重视。随着我国经济社会不断的进步与发展，对于森林资源的需求越来越大，而森林资源是有限的，不能满足人们日益增长的物质文化需要。据开发银行相关专家介绍，截至2018年8月末，国家开发银行共向林业提供了3 933亿元人民币贷款，但该行向外放贷总额却超过了7.4万亿元人民币，其中林业贷款只有总额的5‰左右。许多地方林权不具备贷款条件，更谈不上资金扶持项目。因此，要持续发展森林康养产业就必须解决政策、金融两个问题。

康养产业在促进医疗康复、保健、养老等其他行业发展的同时，带动上下游及周边行业良性发展。在供给方面，森林康养产业高度依赖于农业、制造业等相当一部分其他产业资源。康养业在发展之初就出现了缺少相应人才、无合适的发展模式和政策不够完善的情况，缺乏健康完备的产业体系所应该拥有的有关资源。在不同的发展阶段，不同类型的康养项目所采用的经营方式也不尽相同。其中，最为典型的就是政府性经营管理模式，其次为市场性经营管理模式。这两种经营模式各有优缺点。政府性经营管理模式的主要特征是，通常政府或投资方掌握有价值的稀缺性或者非常具有优势性的资源，政府负责基建，投资商负责日常经营项目和项目贷款。市场性经营管理的主要特征是，多家投资商介入，市场积极性高，创新性强，运营者通常会利用打包好的某个或者某些康养项目来吸引投资商和资本。

从微观供应主体来看，当前已投入运营及在建的林康基地项目所供应的林康产品通常仅由林康养生、林康医疗、林康旅游、林康休闲度假、林康娱乐、林康运动六个环节中的某个或者多个环节构成，而整体项目仅是林康产业中的某个环节，需借助上下游产业或者周边产业才能实现，这对于林康产业结构健全有进一步要求。只有持续完善森林康养产业结构，才能较好地适应我国森林康养需求的不断增长，这是需求侧迫使供给侧进行改革的动力所在。

第二，专业人才队伍紧缺。森林康养业是一个典型的服务型产业，而人才是产业发展的核心因素，也是确保康养服务质量最重要的先决条件。目前，我国从事森林旅游和森林保健养生活动的从业人员数量严重不足。随着“健康中国”战略实施，森林康养产业将迎来新的市场机遇。森林康养涵盖林学、医学、康复学、护理学等多个学科，森林康养产业的发展，需要有专业森林讲解员、康复疗养师、森林医学专家和相关专业服务人员。

当前，国内有关森林康养产业在规划、计划、设计、产品研发、经营、服务全产业链中人才严重不足，因此不仅直接导致部分地方、部分企业盲目投入森林康养综合体工程，部分地方政府负责人对森林康养理念认识不清，盲目扶持森林康养工程上马，还导致森林康养开发乱象丛生。因此，在未来很长一段时间内，要想真正实现森林康养产业可持续发展，必须首先解决好这些关键问题。森林康养产业定位不清导致市场混乱，其直接结果是许多建成项目不能被消费者所接受，甚至造成项目停滞不前，投资亏损，极大地影响着森林康养产业良性发展。

专业人才紧缺是目前阻碍中国森林康养产业蓬勃发展的重要因素。在新时代背景下，为了促进我国林业健康可持续发展，就必须加快康养产业的建设步伐。然而，目前国内对于该领域的研究较少，缺乏系统全面的理论支撑。尽管在这一阶段已有康养专业人才培养指导意见，但是仍然很难实施。为了使人才短缺之问题能迎刃而解，必须先确立有关康养专业人才之系列培养体系与从业标准，并持续提升从业人士之职业素质与能力，更进一步开展从业人员之职业教育与高等教育。国家应该对相关人才制定激励政策，以让更多人承认这一产业。

人才培养可试行学校与企业联合办学的模式，并为该专业学生实习、实训和就业等提供机会。学校与企业联合办学模式就是学校时刻掌握森林康养企业需要，并按需进行教学改革。一方面，校企双方可签订合作协议，定期派遣学生赴森林康养企业进行实训实习；另一方面，校企双方可定期派遣有丰富经验的相关人员来校进行授课，主要围绕实训、实习项目进行专题讲座。这两种方式都有其优势，也存在一定弊端。在实施过程中，需要注意以下四个问题：一是保证培训时间；二是对学员进行严格考核；三是保障教学质量；四是做好宣传工作。另外，森林康养企业还可根据需要为学员提供不同职位的就业机会，同时签订就业协议。该模式不仅有助于培养专业性较强的森林康养企业人才，更能体现人才的实效性和实用性。校企合作模式以人才质量为核心，以企业与学校信息资源共享为核心。

第三，森林康养产业配套设施不健全。与居住及公共服务有关的设施、设备体系，如医疗、教育及道路、商贸是森林康养配套度，想要森林康养有一个好的发展就必须先解决上述问题。随着人们对健康越来越重视，森林康养也逐渐成为一种时尚潮流，这对于满足消费者日益增长的需求具有重要的意义。森林康养作为一个新兴产业，在我国起步较晚。然而，现状却是森林康养相关配套设施存在着严重不足，有许多森林康养基地依托于森林旅游景区进行开发和建设，原景区的相关配套设施为森林康养产业的发展打下了一定的基础，然而，当前各森林公园或者景区本身的相关设施还不够完善，森林康养还需要具体的相关设施，而这一切还需在森林康养发展的进程中继续进行改善。

以道路设施为例。尽管中国旅游交通已非常发达，涉及航空、铁路、公路及水路各领域，这为森林康养业的发展打下良好的基础，但森林康养基地通常位于交通最末端，怎样解决好交通“最后一公里”，是当前森林康养产业所面临和亟待解决的难题。

当前森林公园内交通、环保及其他基础设施与一些服务设施，依靠民营资本投资，政府可通过适当监管来确保排他性运营及合理利润率，这种运营模式在美国及欧洲早已经成熟，但在我国仍处于探索阶段。

随着社会经济水平的不断提高，人们对生活质量的要求越来越高，而森林资源作为人类生存所必需的资源也日益受到关注。森林是大自然赐予人类最宝贵的财富之一，具有巨大的生态价值和经济效益。今后森林康养产业应大力发展政府和社会资本合作（PPP）、特许经营与委托管理等运营模式，借此逐步升级完善森林康养相关配套设施，为今后行业发展奠定坚实的基础。

由于森林康养基地多为企业投资发展，且森林康养产业普遍存在“大投入，慢收益”的现实问题，当前正在建设或已投入运营的森林康养基地普遍存在“边设计，边建设，边经营”的“三边”现象，普遍计划大而全，但分期分批进行开发建设，在资金成本的压力下，往往尚未建成即投入运营，由此导致当前许多森林康养基地相关配套设施不足。

当前，森林康养遇到的一大难题就是林地的性质，例如森林康养必须要有消费人群居住其中，而消费人群居住其中又牵涉到林地内配套基建用地的解决方式。从这个角度来讲，我国现在还没有一套系统的办法来处理这个问题，只能说是初步探索。那么到底应该怎么做呢？这是国家林业和草原局单枪匹马所无法解决的，必须和国土资源及其他有关部门进行协调和沟通才能加以解决。

第四，发展理念不够创新。目前，全省各地森林康养产业发展尚处于起步阶段，大多处于“摸石头过河”的状态，对森林康养的普适性不够强、内涵把握不准。常把森林康养和森林旅游混为一谈，与其他产业的有机融合发展程度不够，开发的产品单一，多以林区观光为主，产品同质化较明显。各景点项目经营各自为政，在休闲、健身、养生、养老、疗养、体验等方面未形成联动，不能完全满足人群多种需求。

第五，政策支持力度不足。森林康养产业是国家鼓励发展的新兴产业，但缺乏省、州系统的政策支持，项目安排不够多，资金投入不够大，对山水、人文、养生等康养资源家底调查不清，资源潜力挖掘不够深。另外，森林康养多涉及自然保护地区域，项目建设用地许可、特许经营许可等手续办理困难，开发经营滞后。因此，很多开发商都只是在当前政策许可内进行相关项目和设施的建设，未能全盘规划考虑。

1.1.2　研究意义

（1）理论意义

从国内外森林康养旅游研究的文献来看，绝大多数是关于森林康养内涵和外延、森林康养的功效、森林康养基地建设、森林康养潜力评价、产品体系开发等的研究，而从需求侧角度对森林康养目前的服务质量进行系统完整的研究，还较为缺乏。随着大众旅游和品质旅游的发展，人们对于完善的森林康养旅游目的地服务体系要求也越来越高，从游客感知视角审视森林康养旅游地的服务质量对于丰富这方面的理论研究具有重要的意义。

关于服务质量的测量，国内外学者探索了很多模型，主要有格鲁诺斯服务质量模型、GAP服务质量模型、内部服务质量模型、布雷迪和克罗宁公司的服务质量等。服务质量有哪些具体影响因素，以及这些因素是如何影响游客感知进而影响游客消费的，关于这方面的探讨有利于深入了解哪些要素会显著地影响游客的满意度和重游意愿，丰富森林康养旅游行为的相关理论研究。

由于内部、外部环境因素的影响，不同的消费者可能存在不同的消费行为，对同一事物的感知也会有所不同。不同个体特征是否会调节服务质量对游客消费行为的影响，存在怎样的差异，这将有助于更深入地理解服务质量对消费者行为影响的差异性。本书构建了森林康养旅游服务质量和消费行为的框架模型，验证了其假设路径，在一定程度上丰富了森林康养旅游服务质量的理论研究。

（2）现实意义

森林康养旅游服务质量的全面提升对完善森林康养旅游基地建设、满足游客需求，满足人们对美好精神需求的需要具有重要的意义。针对目前森林康养基础设施投资冗余浪费、低质低效、产品单一、配套服务体系不成熟、健康管理人才缺乏等问题，本书拟采用的服务质量模型将从可靠性、响应性、安全性、移情性和有形性五个方面开展服务质量测评，这五个方面涉及基础设施、旅游设施、旅游服务、情感认知等方面，可以全方面考察森林康养发展目前存在的现实问题。对于当前森林康养存在的基础设施落后、发展理念不新、产品结构单一、人才缺乏、服务质量较低等问题，本书可以提出有针对性的建议，以更好地改善森林康养旅游服务质量，提高游客的满意度和忠诚度。

第一，本书将有利于为森林康养旅游目的地完善森林康养基础设施和康养设施提供启示。完善的森林康养旅游基础设施和康养设施是开展森林康养活动的重要保证。本书提供的服务质量有形性测量题项为森林康养旅游设施提供了方向。森林康养旅游目的地应根据森林康养活动提升基础设施和康养设施，保证设施设备齐全，满足游客的康养需求。

第二，本书将有利于森林康养旅游目的地重视旅游服务态度和水平。服务态度和水平是游客不满的主要因素之一。以往的森林康养旅游目的地较少注意服务态度和水平，服务人员专业性不强，素质参差不齐，服务态度恶劣、服务水平低下的情况时有发生，这些均会严重影响游客对目的地的满意度和重游意愿。

第三，本书有利于森林康养旅游经营者改善发展理念，调整产品结构，延长产业链条，实现供需协调发展。森林康养发展理念落后、产品结构较为单一、产业链条较短，森林康养供给侧不能满足游客对森林康养的品质旅游需求。该研究提出了一些切实可行的发展建议，有利于创新发展理念，指明产品结构调整方向，完善产业链条，实现供需协调发展，提高游客的满意度和忠诚度。

1.2 研究思路和研究方法

1.2.1 研究思路

在森林康养旅游越来越被人们接受和推崇的背景下，森林康养旅游目的地服务质量的全面提升已是现实所需。结合市场营销学、心理学、消费者行为学等学科理论，本书主要探讨森林康养旅游服务质量如何影响游客的忠诚度，具体影响因素是什么。本书的研究思路可以概括为：

从森林康养旅游的发展现状和已有文献入手，找到研究问题和方法；基于已有理论研究，提出研究的模型和命题；通过问卷调查和深度访谈的方法收集数据；实证分析，根据分析结果提出相应的服务质量提升建议，理顺多方主体的利益协调机制。具体研究路线如图 1-1 所示。

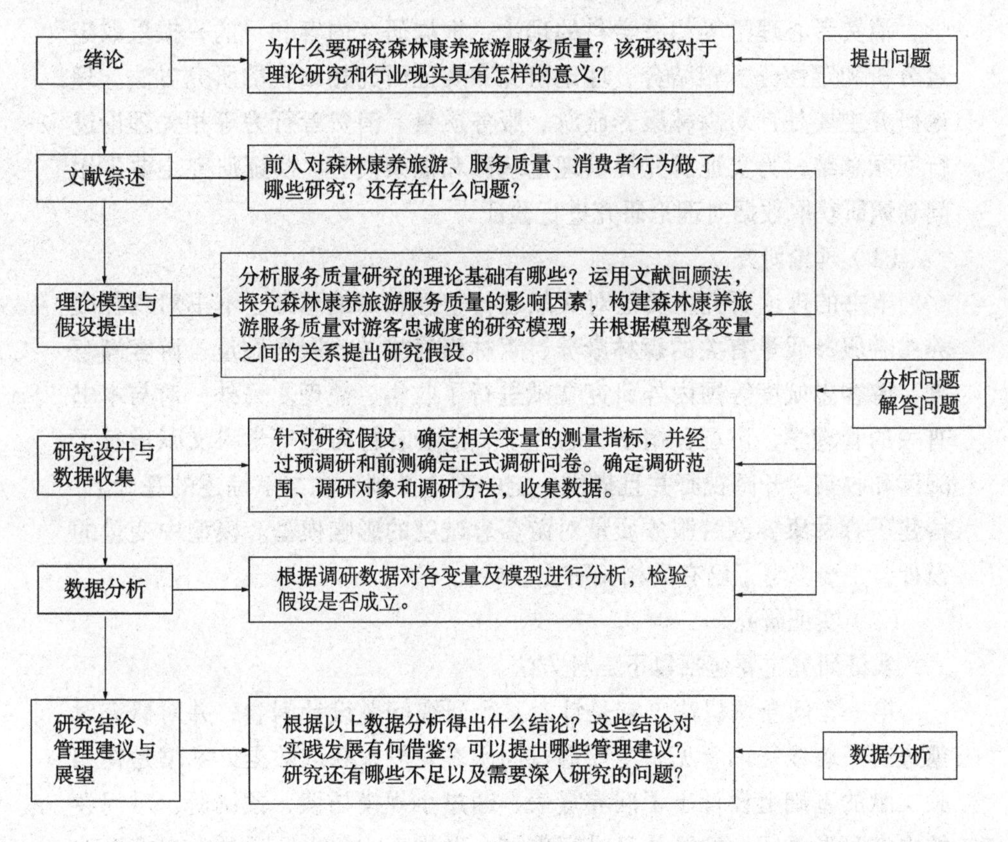

图 1-1 研究路线

1.2.2 研究方法

旅游学科是建立在多个学科交叉的基础上的，因此旅游学科的研究往往采用多学科融合的方法支撑。一般来说，每个学科都有自己独特的研究范式，会用到本学科具体的研究工具和方法。目前管理学领域的研究方法主要为定量分析法、定性分析法以及定量分析和定性分析相结合的方法。定性分析法也叫质性分析法，运用归纳和演绎、分析与综合以及抽象与概括的方式实现对材料的加工，从而达到认识事物规律、揭示内在规律的目的。定量分析法是指基于一定的统计数据，建立数学模型，用数学模型对研究对象分析的一种方法。根据研究对象和研究目的，可以选择采用定性分析法或定量分析法。

本书探讨森林康养旅游服务质量提升研究，涉及管理学、市场营销学、消费者心理学等相关学科的理论，根据研究内容和目的，拟采取定量分析和定性分析相结合、理论研究和实证研究相结合的研究方法。理论研究主要是针对森林康养旅游、服务质量、消费者行为等相关理论进行回顾总结，为实证研究提供理论基础和框架模型。实证研究主要采用问卷调研获取数据对理论研究进行验证。

（1）理论研究

本书的理论研究主要是对文献进行整理和归纳总结。本书对森林康养旅游服务质量有关的森林康养、森林康养旅游、服务质量、游客满意度、游客忠诚度等国内外研究文献进行了收集、梳理。另外，对与本书有关的管理学、市场营销学、心理学、消费者行为学等学科文献进行了阅读和收集，开阔视野并且提供一定的理论基础。在文献综述的基础上，构建了森林康养旅游服务质量对游客忠诚度的影响模型。模型中变量的设计，主要参考了已有的相关研究成果。

（2）实证研究

实证研究主要包括以下三种方法。

第一，问卷调研法。它是针对某个研究问题设计问卷，并对研究对象进行了解或征询意见。主要通过向游客发放来获取数据。本书是在相关文献的基础上设计出了问卷量表，通过小规模访谈、预调研，对问卷的内容和形式征询意见并且进行修订，形成正式问卷，通过大规模发放收集问卷，为后面的实证研究提供数据保障。

第二，深度访谈法。它也是管理学中应用比较广泛的一种方法，通常采用无结构访谈方式，这种方式可以比较真实地了解受访者真实的想法。一般来说，研究者会预先拟定一个提问提纲，在与受访者交谈的过程中，可以根据受访者的回答进行更加深入的访谈，不一定完全按照提纲，这样可以保证访谈资料的真实性。本书采用深度访谈法了解当地政府、居民和目前的开发商对于森林康养旅游发展的意见。

第三，数理统计分析法。它是对问卷收集的数据，采用SPSS和

Amos 软件对数据进行分析处理，对研究提出的各种假设进行检验，主要采用描述性统计分析、信度和效度分析、验证性因子分析、回归分析和结构方程模型分析等。同时，根据验证结果，对鄂东大别山地区的森林康养旅游的发展提出有针对性的对策与建议，以期对该地区森林康养旅游的发展提供一定的借鉴。

1.3 研究内容和结构安排

本书根据管理学、市场营销学、消费者行为学、心理学等相关理论来研究森林康养旅游服务质量提升路径研究，全书包括六章，每章的布局如下。

第1章为绪论，对全书的架构进行整体性介绍。首先介绍了本书的背景，引出所要研究的森林康养的问题，介绍了服务质量对提升森林康养体验的重要意义。基于此研究背景和意义，介绍了本书的研究思路、技术路线、研究方法、结构与内容安排以及可能的创新点。

第2章为文献综述部分。主要是针对森林康养、旅游服务质量、游客忠诚度等的以往研究进行梳理和整理。关于森林康养、旅游服务质量、游客忠诚度等的以往研究成果非常丰富，尤其是旅游服务质量，有一些比较成熟、已为学术界广为应用的测量模型，这些为本书奠定了坚实的理论基础。

第3章为理论模型与假设提出。先对模型构建的相关成果进行了回顾，为本书模型的建立奠定良好的基础。再根据第2章的文献综述和理论模型的研究成果构建本书的理论模型，其各个变量均来自已有研究成果，并且对潜在变量进行操作化定义，同时提出相关假设。

第4章为问卷设计与数据收集。在理论模型构建的基础上，对变量进行操作化定义，形成预调研问卷，通过预调研、小规模访谈和德尔菲法对问卷设计广泛征求意见并进行修订，形成最终的正式问卷。在遵循数据收集相关原则的基础上，合理选取样本发放点，进行问卷的收集。

第5章为数据分析和假设验证。首先，采用 SPPS26.0 和 Amos24.0 对问卷数据进行描述性统计分析、信度和效度检验；其次，进行探索性因子分析和验证性因子分析；最后，进行直接效应分析、中介作用分析和群组分析，以验证假设是否成立，根据结果对研究模型进行修改。

第 6 章为研究结论与展望部分。对研究结果进行讨论和总结，对鄂东大别山地区森林康养旅游服务质量的提升提供相应的管理建议，并指出了本书的局限和未来研究展望。

1.4 研究创新点

（1）本书探索了森林康养旅游服务质量对游客忠诚度的影响机制

以往关于森林康养旅游的研究大多集中于森林康养的内涵、基地建设、开发潜力评价、产品开发等内容，鲜有学者从需求侧—游客角度关注森林康养旅游服务质量的全面提升。本书从游客感知视角构建了森林康养旅游服务质量的五个方面对游客满意度、游客忠诚度的影响模型，厘清了哪些服务质量因素会着重影响游客的满意度，进而影响游客的忠诚度。

（2）本书验证了游客满意度的中介作用

森林康养旅游服务质量是如何影响游客满意度，进而影响游客忠诚度的？这一问题在本书中得到了验证，游客满意度在森林康养旅游服务质量和游客忠诚度中具有显著的中介作用。因此，实践中应积极提高服务质量，提高游客满意度。

（3）本书理顺了多方主体的利益协调机制

实践中存在很多政府监管不严、投资主体利益至上、当地居民无法积极有效参与森林康养旅游发展、利益分配不均等问题，本书尝试理顺多方主体的利益协调机制，以更好地促进森林康养旅游的可持续发展。

第 2 章 相关概念、理论基础与相关研究进展

2.1 森林康养的发展及概念内涵

2.1.1 森林康养的发展

（1）国外森林康养产业的发展

森林康养起源于德国，后来美国、日本、韩国等国家的森林康养也逐渐发展起来。19 世纪 40 年代，德国开始有了最初的森林康养概念，世界上第一个森林康养基地出现在德国。目前，森林康养在不同国家呈现出不同的发展特点和路径。在世界各国中，德国是利用自然因素促进人类身心健康传统最悠久的国家之一，相关实践已经成熟，对其他国家开展相关森林康养具有很强的借鉴意义。在相关医学证据的支持下，日本的科学研究已经制定了治疗基地和森林治疗师的认证标准，其他方面也得到了改善。19 世纪，德国开始关注自然界对人类健康的促进作用，到 20 世纪中后期，其实践可以说是成熟的。日本在 20 世纪 70 年代开始关注森林的康养作用。20 世纪末 21 世纪初，中国开始真正关注森林对人类健康的直接影响。在借鉴其他国家森林康养发展经验的基础上，相关产品或活动在中国迅速发展。

在国外，森林康养的发展经历了三个阶段，具体见表 2–1。

表2-1 森林康养研究历程

阶段	时间	代表国家	主要内容
第一阶段	1980年以前，以德国为代表的雏形期	德国、美国	德国：世界上最早开始森林康养实践的国家，19世纪40年代，德国创立了世界上第一个森林浴基地，形成了最初的森林康养概念。 美国：开展森林疗养条件研究最早的国家
第二阶段	1980—2000年	日本、韩国	日本：1982年，日本林野厅首次提出将森林浴纳入健康的生活方式，并举行了第一次森林浴大会。1983年，林野厅发起了“入森林、浴精气、锻炼身心”的建设活动。 韩国：从1982年开始提出建设自然疗养林。1988年确定了4个自然养生林建设基地。1995年将森林解说引进到自然养生林，启动森林利用与人体健康效应研究
第三阶段	2000年以后	全世界蓬勃发展	日本：2004年成立森林养生学会；2007年，日本森林医学研究会成立。日本建立了世界首个森林养生基地认证体系。 韩国：营建了158处自然休养林、173处森林浴场，修建了4处森林疗养基地和1 148千米林道，也有较为完善的森林疗养基地标准和森林疗养服务人员资格认证、培训体系。 德国：350处森林疗法基地，公民到森林公园的花费已被纳入国家公费医疗。 中国：2012年，森林康养迅速发展，目前已建立了200多家国家级森林康养基地

（2）国内森林康养产业的发展

森林康养产业在国内发展较早的是台湾，自1965年迄今已设立森林浴场40余家。1982年创建了全国第一个国家森林公园——张家界国家森林公园，以后许多森林康养基地建设就是以此为模板创建起来的。此后，全国其他各省都纷纷兴建森林康养基地，例如北京兴建的红螺松林浴园等。2009年，国家首次提出将森林康养列入《国民经济和社会发展第十二个五年规划纲要》中。湖南、北京、甘肃三省市自2010年起开展了森林康养的研究与建设工作。2011年，国家林业和草原局批准设立全国第一个省级森林康养示范区——天门山国家森林康养示范基地（以下简称天门山），开创了我国森林康养的先河。随后各地纷纷开展试点建设。2012 年，“森林康养”的理念在北京被正式提出，并且展开了小规模的尝试；与此同时，湖南省林科院在试验林场建立了林业森林康养中心，结合先进医疗技术，全方位开展“健康管理”服务；“中韩合作八达岭林场森林体验中心”于 2014 年正式开放；“伊春首届森林康养养生养老投资论坛”于当年召开，并根据伊春实际确定了整体发展思路及目标；四川省首批 10 家森林康养基地于 2015 年开始试点建设；湖南省林业厅经与北大未名多日讨论后决定于 2016 年共同组建伊春森林康养产业基地；伊春森林养生养老基地以“要治病，找医院；要健康，找森林”为宣传语；伊春首次举办伊春森林疗养师培训班；伊春林业首次开展伊春森林休闲养老活动。森林康养产业已在四川、湖南、北京、河北等 10 余个省市进行探索，把森林旅游和康养结合起来、和养老养生结合起来，组织指导各地积极推进森林康养产业发展。

我国大部分森林康养基地是由国有林场改制而来，凭借优渥自然资源与文化资源优势并引入国际先进康养发展理念促进森林康养产业迅速发展。然而，我国森林康养产业尚处于起步和发展阶段，森林康养基地建设尚不完善且功能较为单一。同时，在森林康养项目实施过程中存在着一些问题。例如，森林资源质量不高，缺乏专业人员、技术人才匮乏，资金缺口大，融资渠道单一，管理不规范等。森林康养基地建设标准、森林康养产品设计、森林康养活动设计及森林疗养师认证制度对于政府与企业都是一个巨大挑战，同时需借鉴森林康养相对开展得较好的德国、日本与韩国的经验。

近年来，党中央、国务院对森林康养产业发展非常重视，提出要通过各种渠道筹措建设资金，着力提升休闲农业、乡村旅游和森林康养等公共服务设施条件。2017 年 3 月 25 日，国务院办公厅印发了《关于加快推进生态文明体制改革的意见》，提出“到 2020 年基本建成以森林浴为主的森林健康体系”。国家林业和草原局主动投入森林康养产业开发政策和举措，引导森林康养产业快速成长。中国林业产业联合会先后出台了《特色（呼吸系统）森林康养基地建设指南》《特色（呼吸系统）森林康养标准》《森林康养小镇标准》和《森林康养人家标准》4 个森林康养团体标准。迄今为止，我国已有 1 321 个国家级森林康养试点建设基地。2021 年，中国林科院森林康养分会共举办了四期森林康养师培训，全国首批共计 300 多名初级森林康养师修完课程内容并正式毕业。广西壮族自治区林业局、江西省林业局、福建省林业局、贵州省林业局和浙江省林业局相继启动森林康养人才专业培训工作。

2.1.2 森林康养概念及界定

养是指保养，生是指人的生命，养生是指保养、颐养人们的生命，以达长寿。健康不仅是指生理上不生病，而且是指心理健康，德才兼备，对社会环境有良好的适应能力。《黄帝内经》里说：“圣人不治已病治未病。”一言要旨，是预防远比治疗更重要。“圣人不治已乱，治未乱，此之谓也；不患不明治之患而务防治，此谓之也”。这就是中医所说的预防为主。我们知道人体有先天和后天之分。人在平时应该多锻炼身体，强壮身体，以免被病痛折磨，不要等到生病了，才去花很多人力、物力进行医治。这种看法与“治疗、预防、康复、养生”是一致的。

康养，通常可从学术界、产业界、行为学、生命学四个类别分别进行阐释。

第一，学术界范畴。学者们侧重于生命养护上，把康养一般解释为“健康 + 养生”，透过健康与养生这一概念，我们就能了解到康养所包含的内涵。其中，“健康”包括身体层面上的健康、精神层面上的健康和心理层面上的健康；而养生则是指保养身心、调养体质，以达到延年益寿的目的。

第二，产业界范畴。通常往往把康养看作“大健康”，把“养”着重理解为“养老”，并把“康养”看作“健康”和“养老”的合称。

第三，行为学范畴。康养可被认为是一种行为活动，主要是为了维护人的身心健康，康是目标，养是方法。康养既可表现为系统性和持续性，也可表现为短暂和单一。

第四，生命学范畴。康养主要考虑了人生的三个层次：一是寿命，即人生长度；二是精神丰富度，即人生丰度；三是国际上常用来代表人生好坏的指标体系。

森林的康养特性主要表现为以下四个方面：

第一，植物精气为天然健康源。随着人类社会发展，人们生活水平提高，保健意识增强，越来越多的人开始关注身体健康与生活品质，而森林康养业正是迎合了这一需求而生的新兴产业。自然界中，很多植物的嫩芽、叶子、花在新陈代谢中，会源源不断地分泌带有芳香味道的有机物，这类分泌物一般都具有增强体力、消除疲劳、净化空气、美容美肤等作用，是健康旅行的中心，能起到疗养身体的作用。

第二，负氧离子是一种天然维生素。随着人们生活水平的提高，越来越多的人开始关注自身的身体健康状况。森林康养以其独有的保健养生价值成为大众所接受并喜爱的一种新型绿色休闲方式。负离子有益于身心健康。据医学试验了解，空气中所含的负氧离子，对生理生化有广泛的影响和作用，被称为空气维生素。负氧离子能调节人体和动物神经活动，提高机体免疫力，改善心脏收缩能力，供给心肌营养，降低血脂、调节心率下降、舒张外周血管、调整情绪和行为、旺盛机体活力等。经初步统计，森林氧吧中每立方厘米最多含有8万~10万个负氧离子，是负氧离子休养的极好场所。

第三，舒适的环境犹如一座天然疗养院，空气清新，没有空气污染。随着现代人们生活水平的提高，越来越多的人追求回归自然。森林康养也成了一种新趋势，受到广大人民群众的青睐。森林资源丰富，面积广阔，其特点是昼夜温差不大，紫外线辐射较弱，气候宜人，空气湿度合适，林内光照强度较低，降雨云雾较多，这样的小气候环境非常适合人类的生存。据我国人口数据表明，生活在环境优美、污染较少的森林地区，人口平均寿命较长。森林中因植物光合作用而产生大量氧气，在森林里形成了规模巨大的“天然氧吧”，对哮喘和肺结核患者的治疗起到了一定的作用。在森林里待几天，许多情况下，人的“顽症”是可以不治自愈的。

第四，天然的疲劳消除镇静剂。绿色森林基调能恰当地调整人们的心理，徜徉森林时，能使人们感到轻松惬意，稳定情绪。据实验结果表明，在森林环境下，人体体表温度会下降1~2℃，能平缓人的呼吸节奏；森林紫外线强度大大减弱，能有效地减轻人眼疲劳，抚慰心理压力，给人们带来舒适愉悦的享受。

森林康养是以森林生态环境为依托，以增进大众健康为宗旨，以森林生态资源、景观资源以及食药资源、文化资源等为载体，结合医学和养生学进行保健养生、康复疗养和健康养老服务（国家林业和草原局，

2019 年）。森林是地球上最重要的生态系统之一，它不仅具有涵养水源、保持水土、净化空气等功能，而且具有保护生物多样性的作用，所以森林资源对于人类生存和社会可持续发展都至关重要。森林康养是以原有森林公园、湿地公园、自然保护区等自然景观为主，辅以相关基础设施及医疗设备，为地方经济发展提供保障，同时满足人们对健康养生的需求。森林康养概念在世界范围内的定义并不一致，一般情况下，综合来看，森林康养主要体现在舒适环境的多元化景观，内涵丰富的生态文化，并结合相应的养生、医疗、健康设备，在视觉、味觉、触觉多感官，多方向上缓解人们的紧张情绪，调整心理生理健康，是森林休闲与康养活动的总称，旨在缓解衰老、康体保健。

森林在人的生理及心理健康方面起着重要的疗养功能，因为森林能释放植物杀菌素——芬多精，它能帮助人增强机体免疫力，已有研究证明森林康养能抑制癌细胞的生长，减轻抑郁、焦虑等精神疾病的发生，医疗功能十分特别。需要注意的是，并非所有森林资源均可开展森林康养工作。观察某一区域是否适宜开展森林康养应从六个方面进行，分别是温度、湿度、高度、优产度、洁净度和绿化度。其中，温度越高，空气越清新；空气质量好，负离子浓度高；植被覆盖面积大，有利于涵养水源；空气清新，有利于人体健康；树木种类多、数量丰富，景观优美。在此基础上，有负氧度、精气度等也是康养的重要因素（表 2–2）。

表2–2　森林康养发展的八大重要维度

要素	标准
温度	根据人体学实验，人体最适宜的温度是 18~24℃
湿度	根据科学实验，人们最适宜的健康湿度是 45%~65%，这时人体感觉比较舒适，且有利于身心健康
高度	根据生理卫生实验研究，最适合人类生存的海拔高度是 800~2 500 m。世界著名的长寿地区大多数都接近 1 500 m 的海拔高度
优产度	优产度主要是指农产品等地方物产的品质优劣程度，绿色、有机农产品占农产品总量的比重是衡量一地优产度高低的一个重要指标
洁净度	一般用空气洁净度和环境噪声强度来衡量。当 PM2.5 值低于 35 μg/m³ 时，空气洁净度为优。当噪声达到 100dB 时，会感到刺耳、难受，甚至引起暂时性耳聋；当噪声超过 140dB 时，会引起视觉模糊，呼吸、脉搏、血压都会发生波动

续表

要素	标准
绿化度	一般用森林覆盖率来衡量一个地区的绿化程度。森林与空气负氧离子的浓度直接相关，森林覆盖率越高，负氧离子浓度就越高。负氧离子有利于哮喘、支气管炎、高血压、冠心病等疾病康复，有益于女性养颜。有些森林树木还可能释放杀死癌细胞的物质
负氧度	空气中负氧离子的含量浓度。一般森林空气负氧离子达700~3 000个单位
精气度	森林中存在的植物精气状况。植物精气是植物释放的以芳香性碳水化萜烯为主的气态有机物

当前，国内外都认同的森林康养产品主要有六个方面。

（1）森林旅游

森林旅游借助森林自身的环境优势和独特景观进行系列的森林静态观光旅游，使旅游者能较好地与大自然融为一体，走近大自然的一草一木、领略大自然的独特魅力、陶冶情操、舒缓压力、满足心灵需求、增进身心健康。在开发过程中应注意与当地文化相结合，突出地方特色。森林旅游是集休闲娱乐、教育培训、科学考察、旅游观光于一体的新兴生态旅游产业，具有投资少、见效快、效益高等特点。具体产品以各种风景的观赏为主，如森林自然景观、风景名胜、历史古迹、风土人情等，这些都是以森林环境与人文景观为主来完成的。

（2）森林养生

森林养生就是将森林分割为适合人类生存的森林区域，并通过增加养生项目来达到身心健康的一种旅游模式，其境界不仅是外在健康，更是内在心理放松（唐建兵等，2010）。森林养生不是强调医学基础，而是注重“养”的问题，包括养护、涵养、滋养。森林作为生物圈组成的重要方面，在二氧化碳减少、动物群落存活、土壤巩固等过程中起到举足轻重的作用。森林作为人类的天然氧吧，具有调节气候、净化空气、防风固沙、保持水土及改善生态环境的功能。通过多种途径来激活身心，增强体质，防止各种疾病问题，继而达到延年益寿之功效的医事活动，称为养生。森林养生为关注养生的人们带来契机：住进森林，在能保证衣、食、住、行的前提下，保持身体健康，延缓老化。在森林环境下，游客可体验到森林特色住宿、森林食疗、森林药膳芳香疗养等养生项目。

（3）森林医疗

森林医疗是以森林医学为研究对象，根据科学医学实验数据为亚健康及不健康人群提供疾病防治、压力释放、病体恢复等系列治疗。专业医用辅助设施属于森林医疗基础设施。游客可在拥有专业健康养生服务体系、硬件体系、专业森林疗养师及医务人员的森林疗养基地参加体检、辅助治疗、康复训练及其他健康调养项目。目前，森林医疗主要有三种形式：一是森林疗养院；二是森林医院；三是森林养老机构。森林疗养所要满足的需求就是提供相应的服务。产品项目不仅涉及森林康复中心、森林疗养中心、森林颐养中心、森林养生苑、心理咨询室这五个项目，还有很多其他的内容。

（4）森林休闲度假

森林休闲度假是指旅游者在森林环境下，从事旨在消遣娱乐、解除劳顿、恢复体力、放松心情等活动，到达一定目的地以后流动比较小。目前我国有四个类型的森林休闲度假康养区：一是国家公园类；二是森林公园类；三是自然保护区类；四是风景名胜区类。产品类目有森林浴、森林温泉、森林露营、森林美容美体。

（5）森林娱乐

森林娱乐是指能在森林环境下，通过森林娱乐活动来获得愉悦身心的一种康养项目。它以休闲为核心概念，把旅游与文化结合起来，使之成为一种新的产业模式和经济增长点。森林娱乐是旅游业发展到一定阶段后出现的产物，其产生有其历史根源。森林娱乐产品种类繁多，如森林野营、森林垂钓和森林游戏等。

（6）森林运动

森林运动就是旅游者在美丽的森林环境里主动选择合适的体育，以促使机体活力增强和保持身心健康。目前我国森林旅游产业发展迅速，森林运动已成为新时代人们休闲娱乐生活方式之一。其中，有跑步、登山，森林拓展运动和森林球类运动。

2.1.3　中国森林康养产业的需求分析

当前我国森林康养产业以森林旅游为主要形式，在森林康养消费总额中占很大比重。随着我国经济社会的快速发展以及人民生活水平的不断提高，人们对健康越来越重视，而森林是人类赖以生存和繁衍的基础，因此开展森林康养产业既势在必行，也符合当今社会发展潮流。考虑到我国目前还缺少森林康养产业综合需求统计指标，因此根据森林旅游相关统计数据对森林康养产业相关需求总量进行了研究，尽管代表性很强，但预测需求总量会略低于实际需求量，并且本书中中国森林康养需求总量仅为最低估算。

（1）居民收入水平持续稳定提升

居民收入水平持续稳定提升，对于拉动我国森林康养产业发展需求具有积极的作用。就国内生产总值总量而言，中国稳坐世界第二大经济体的宝座，正在跨入中高等收入国家的行列。近年来，中国经济发展质量不断提升，经济总量持续增长。2019 年中国 GDP 达到 990 865 亿人民币，比上年增长 6.1%，符合 6%~6.5% 的预期目标。全年实现国民总收入超 98 万亿元，比 2018 年有了新的提高。从消费角度来看，全年最终消费支出对国内生产总值增长的贡献率为 57.8%。全年全国居民人均消费支出 21 559 元，比上年增长 8.6%，扣除价格因素，实际增长 5.5%。其中，人均服务性消费支出 9 886 元，比上年增长 12.6%，占居民人均消费支出的比重为 45.9%。

2019 年，全国居民、城镇居民和农村居民人均消费支出分别为 21 559 元、28 063 元、13 328 元，与 2017 年相比分别提高了 8.6%、7.5% 和 9.9%。全国居民恩格尔系数为 28.2%，较 2018 年下降 0.2%（国家统计局，2020）。从全国经济发展形势与居民收入来看，我国居民的生活水平在逐步提高，近 5 年来，全国人均居民可支配收入年均增速均在 8% 以上。同时，居民的消费能力快速增长，尤其农村居民的消费支出增速超过城镇居民。

（2）森林康养观念已经逐步形成

随着经济迅速发展和居民生活水平不断提高，人们对于精神文化要求也在逐步提高，旅游已经成为居民生活必需品和消费闲暇的首选之地。传统的旅游概念正在被改变，居住于城市中的人对自然的向往也正在被无限地增加。在这样的背景下，休闲农业应运而生并得到了迅猛的发展。森林既是人类赖以生存和发展的基础，也是生态文明建设的重要载体。

发展绿色旅游，保护生态环境，促进社会可持续发展势在必行。森林康养作为一种旅游表现方式，是我国大健康产业融入旅游业的一个新起点，也是实现我国森林资源功能转变的一种新的尝试。森林康养产业可以把传统旅游和疗养、养老、文化、体育等不同行业联系起来，建立多功能产业联合体，使产业集群化、基地化和规模化，引领森林康养快速发展。

2019 年国内旅游人数 60.06 亿人次，比上年同期增长 8.4%；入出境旅游总人数 3.0 亿人次，同比增长 3.1%。国内旅游收入 5.73 万亿元，比上年同期增长 11.7%，人均消费约合 4 100 元。其中，城镇居民消费 4.75 万亿元，增长 11.6%；农村居民消费 0.97 万亿元，增长 12.1%。

2016—2019 年的 4 年间，全国森林旅游游客量达到 60 亿人次，平均年游客量达到 15 亿人次，年均增长率为 15%。其中，2019 年，全国森林旅游游客量达到 18 亿人次，占国内年旅游人数的近 30%，创造社会综合产值 1.75 万亿元。

大数据统计显示，5 年来我国森林旅游人次在全国旅游总量中平均处于较高水平，且呈现逐年上升的态势，我国森林康养在旅游业中的占比也不断提高，根据我国旅游业的发展现状，可推测森林康养产业发展趋势。

（3）森林康养消费升级趋势显现

全国居民人均可支配收入到 2019 年为止达到 30 733 元，与 2018 年同比增长 8.9%，在最近 5 年间，我国全国居民人均可支配收入一直呈现高速上升趋势，平均增速为 9.0%。城镇和农村居民在 2019 年的人均可支配收入分别为 42 359 元、16 021 元，同比增速分别为 7.8% 和 9.6%（国家统计局，2020），居民收入水平不断提高。通过对我国居民人均消费支出组成的分析，可以发现，我国居民消费结构发生了变化，除衣、食、住、行等基本生活必需品外，医疗保健和教育文化娱乐已是居民生活必不可少的部分，支出比重惊人，越来越多居民注重健康，森林康养已成为居民寻求健康的主要渠道。

（4）森林康养消费能力得到提升

森林康养主要由森林旅游、森林养生、森林医疗、森林休闲度假、森林娱乐和森林运动六大要素构成，其中森林旅游占了很大的比例，今后其他方面的内容也将逐渐增加比例。我国旅游业发展迅速，已经进入了大众旅游时代。随着社会经济水平的不断提高和人民生活质量的日益改善，人们对美好生活的向往更加强烈，追求更高层次的精神文化享受。人们旅游目的具有多样性，主要表现在观光游览、度假休闲、商务出差、探亲访友、文娱体育健身、健康疗养等方面，其中森林康养（含观光游览、度假游憩、文娱体育健身和健康疗养）已经成为我国居民的一个主要旅游目的。

国家统计局发布公告显示，2021 年全国居民人均可支配收入 35 128 元，比上年增长 9.1%，扣除价格因素，实际增长 8.1%。同期，全国居民人均消费支出 24 100 元，比上年增长 13.6%，扣除价格因素影响，实际增长 12.6%；其中，人均医疗保健消费支出 2 115 元，增长 14.8%，占人均消费支出的比重为 8.8%，增速高于全国居民人均消费支出 1.2 个百分点，居民消费结构进一步改善。

据国家林业和草原局 2021 年统计，全国森林康养年接待近 5 亿人次，产生森林康养产值过万亿元。

（5）居民森林康养需求急剧上升

在居民生活水平不断提升的今天，居民对于精神文化方面的要求也在逐步提高，旅游已经成为居民幸福生活的必需品，也是居民消费闲暇时间上等选择。旅游业作为我国经济发展的支柱性产业之一，在推动区域经济社会可持续发展方面发挥着不可替代的作用。近年来，中国旅游业进入快速发展期，已由高速增长阶段转向高质量发展阶段。沉重的工作压力和日益严重的空气污染给城市居民健康生活带来很大困扰，空气质量及自然环境已成为旅游者旅游目的地选择时的主要考量因素，许多新产品如森林旅游、滨海旅游、海岛旅游、温泉旅游、康养旅游日益受到众多旅游者的欢迎。2019 年我国森林旅游游客量将达到 18 亿人次，社会综合产值将达到 1.75 万亿元。

亚健康是目前危害人类健康最重要的原因，而森林旅游为广大居民提供了一个健康栖息地。世界卫生组织（WHO）报告显示，全球身体健康群体仅占 5%，亚健康群体占 75%，剩下 20% 的人为患病群体。中国现有亚健康人群高达 70%，现阶段社会发展的一个主要问题是健康。我国政府非常重视国民健康状况和医疗水平的提升，近年来出台了一系列政策来鼓励大众参与到体育健身中。此外，政府还发布了《关于加快推动文化创意产业创新发展的若干意见》等文件。政府部门也高度重视居民健康，2015年中央部门第一次提出了“健康中国”理念，2016年审议并通过了“健康中国2030”战略规划，“健康强国”作为基本国策已把全民健康提升至国家高度。由此可见，更多的人会加入康养旅游的队伍中，而人们居住的一个主题是提高生活质量和身心健康。另外，带薪休假普遍推行后，还会进一步提高居民出行需求和提升市民出行消费标准。以增进健康为目的的出游活动，将会是人们度假时追逐的一种新时尚。从国际经验来看，健康产业已经成为一个新的经济增长点，其发展潜力巨大。我国已进入全面建成小康社会与构建社会主义和谐社会的关键时期，国民养生保健意识不断提高，休闲度假需求日益旺盛。旅游业发展前景广阔。因此，市民康养旅游需求将进一步膨胀。

（6）森林康养消费群体加速形成

随着自然环境的恶化和社会压力的增大，人们普遍面临着各类健康问题。据统计，全世界有75%的人群处于亚健康状态。健康旅游已成为欧洲很多国家的支柱产业之一，而且森林康养旅游也成为欧美日等地区重要的旅游业态。森林康养旅游完全符合现代人们回归自然、拥抱健康和养生的心理需求。

第一，患病人群。患病人群是森林康养旅游首先要满足的人群。世界上，高血压、高血脂、高血糖的“三高”人群数量非常庞大，不健康的生活方式是导致“三高”问题的重要原因，因为其饮食、锻炼、休息、精神等方面都不是健康的生活方式。

如果仅仅依靠单一的传统的药物来治疗“三高”，效果不是很理想，极有可能在停药一段时间后，又会复发，所以，最终的落脚点还是要回归到生活方式的转变。森林康养是一种完全健康的方式，患者通过在森林康养基地运动、休闲、养生、心情调节、大脑放空等多种手段达到舒缓经络、强身健体、放松身心的作用，这种理疗的方式如果能长期坚持下来，会比单纯的药物治疗更持久，可以从根本上提高此类人群的免疫力，提高抗病的能力和自愈力。人类的很多疾病都由免疫力下降助推的，通过森林康养活动，增强自身免疫力，具有强大的医疗价值，这种康养方式越来越被现代人推崇。

第二，亚健康人群。亚健康是处于健康和患病之间的一种状态，不是完全健康，但还没有达到致病的阶段，或者成为病前状态。其症状有很多，如精神不集中、头脑不清醒、经常头痛、失眠多梦、易发脾气、体力不支、对生活或工作提不起热情、出汗、没有食欲、容易疲倦、全身无力等。这种状态会影响人们的身心健康和生活质量，如果不及时干预和康养，那么有可能会慢慢演变成疾病状态。

森林康养对亚健康人群来说，是一种非常健康、全面的理疗方式，从调理亚健康人群的生活方式开始做起，各类健康和养生活动动静结合，可以很好地满足目前亚健康人群碰到的失眠多梦、精神不集中、经络不通、头痛等问题。

第三，养生人群。人类免疫力的下降不仅与不健康的生活方式有关，随着年龄的增大，人们的免疫力逐渐下降，也可能会出现各类亚健康的表现，如腿脚不便、肩颈酸痛、头痛、怕冷等症状。对于这些症状，如果可以经常性地采取运动、按摩、刮痧等理疗方式，那么这些症状就会慢慢缓解，从而提高人们的生活质量。近几年，我国城市中开设了大量的美容、养生、健体的商铺，如足浴店、盲人按摩店和各类美容养生店等，这说明现代人们对这类商铺有大量的需求。

森林康养是一种全面的、系列的、多种形式、多种手段的康养方式，产品类型多样，可能有运动型、养生型、治疗型、康体型等多种形式。人们在森林环境中通过步道散步放松紧张的肌肉和心理，体验森林的宁静和景观，呼吸森林富含负氧离子的空气等，这些康养方式都是城市中的任何商家无法实现的。

第四，养老人群。第七次全国人口普查结果显示，我国60岁及以上人口为26 402万人，占18.70%，预计到2050年，中国老年人口规模预计达到3.8亿人。我国已进入老年社会，养老成为我国面临的一大难题。老年人群体所需要的医疗、养生、理疗等社会保障措施目前难以满足需求。森林宁静的环境、清新的空气、开阔的视野和完善的康养设施对老年人是非常具有吸引力的，因此养老人群也是森林康养旅游的消费人群之一。

第五，旅游人群。随着旅游的大众化发展，越来越多的人加入旅游中来，而森林旅游的人数约占总旅游人数的1/3。传统意义上的森林旅游，更多的是从散步、山地车、爬山等运动角度达到康养目的，还不是当前现代意义上的森林康养。森林康养要根据人体需求，遵循一定的医学规律，设置一些森林康养项目，由专业人员带领游客体验，以达到强身健体、舒缓身心的目的。随着人们健康意识的提高和现代社会压力的增大，越来越多的人参与到森林康养旅游中，希望能够旅游的同时，达到康养的目的。

第六，爱好锻炼人群。体育锻炼是强身健体的有效手段，森林康养可以提供漫步、散步、爬山、骑车、攀岩等多种锻炼方式。人们在森林中开展各类锻炼活动，不仅能锻炼体魄，还能净化心灵、修身养性，是爱好锻炼人群最喜欢的锻炼方式之一。

第七，修行人群。森林康养一个非常重要的功能就是可以修身养性、净化心灵。我国很多佛教、道教之所以把场所选在山上，是因为发挥森林这一特殊环境下的修身养性功能。由此可见，森林康养是必定是修行人群爱好的活动之一。

第八，亲子人群。森林是各个年龄段的人群都很喜欢的环境，很多森林康养基地提供全龄段康养产品，可以满足一家老小各个年龄段的需要。例如，老年人可以在宁静的森林环境中散步、冥想，放松心情；中年人可以进行一些体育锻炼项目和养生项目；青少年可以进行登山、骑山地车等体育活动；小朋友可以在森林环境中感受大自然的魅力，亲近森林的泥土和溪水，这非常符合小朋友的天性，森林中快乐的体验可以增强小朋友的免疫力。

总之，越来越丰富的森林活动可以满足全龄段的需求，受到亲子人群的欢迎，是一家人出游的最佳选择之一。

2.2 理论基础

2.2.1 SERVQUAL 模型

由 Parasuraman 等（1988）提出的 SERVQUAL 量表，又称缝隙示范，已经成为衡量给客户的服务质量的最理想方法之一。这种服务评估技术已经被一些学者证明是稳定的和可靠的（Brown、Churchill 和 Peter，1993）。他们认为，当看到或体验到的服务没有预期的那么多服务时，就会推断出服务质量不尽如人意；而当看到的服务超过了预期的服务时，不可否认的猜测是，服务质量是可以接受的（Jain 和 Gupta，2004）。从这个假设的展示方式来看，SERVQUAL 的可能性最适合从顾客的角度来评估。从顾客的角度来看，SERVQUAL 最适合评估服务质量。这是因为当它被表达为“感知的”和“预期的”服务；可以肯定的是，这是对即将或正在享受服务的消费者 / 客户（Jenet，2011）而言的。

SERVQUAL 将服务质量分为以下五个方面：①有形性：物理办公室、硬件和教员的外观；②可靠性：持续和准确地提供保证服务的能力；③响应性：准备帮助客户并提供有吸引力的服务；④保证性：员工的学习和义务以及他们调动信任和信心的能力；⑤移情性：公司给予客户的关心和个性化服务（表 2-3）。

表2-3　SERVQUAL服务质量

维度	指标
有形性（tangibles)	1. 有现代化的服务设施
	2. 服务设施具有吸引力
	3. 员工有整洁的服装和外套
	4. 公司的设施与他们所提供的服务相匹配
可靠性（reliability）	5. 公司向顾客承诺的事情都能及时完成
	6. 顾客遇到困难时，能表现出关心并帮助
	7. 公司是可靠的
	8. 能准时地提供所承诺的服务
	9. 正确记录相关的事项
响应性（responsiveness）	10. 不能指望他们告诉顾客提供服务的准确时间
	11. 期望他们提供及时的服务是不现实的
	12. 员工并不总是愿意帮助顾客
	13. 员工因为太忙，以至于无法立即提供服务，满足顾客的需求
保证性（assurance）	14. 员工是值得信赖的
	15. 在从事交易时，顾客会感到放心
	16. 员工是有礼貌的
	17. 员工可以从公司得到适当的支持，以提供更好的服务
移情性（empathy）	18. 公司不会针对不同的顾客提供个别的服务
	19. 员工不会给予顾客个别的关心
	20. 不能期望员工了解顾客的需求
	21. 公司没有优先考虑顾客的利益
	22. 公司提供的服务时间不能满足所有顾客的需求

2.2.2 客户满意度理论

客户满意度一直是管理者应该关注的基本角色之一。公司的竞争优势是比对手更好地满足客户，超越客户的需求，以及比竞争对手更好满足客户的愿望。客户满意度是商业方法论的一个关键组成部分，它决定了服务性能的承载。客户满意度来自对所选择的商品符合或超过预期的主观评价（Bloemer 和 Ruyter，1998）。客户满意度被定义为衡量产品/服务如何满足或超过客户的期望（Fornell 等，1996）。客户满意度也是客户在使用产品或服务后的心情或态度。客户满意度是营销活动的一个重要结果，它在购买者购买行为的各个步骤之间起到了链接作用（Jamal 和 Naser，2002）。Kotler 和 Keller（2016）认为客户满意度是客户对产品或服务的性能和客户的期望之间的比较而产生的快乐或沮丧的感觉。在当今激烈竞争的商业环境中，客户满意度可以被视为成功的本质（Jamal 和 Naser，2002）。Oliver（1980）也指出，客户满意度被定义为客户的期望与产品或服务的感知性能的主观比较结果。如果性能符合或超出了预期，那么客户就会感到满意。如果结果低于预期，那么客户就会不满意。Alan 等（2012）指出，有一些变量会影响顾客满意度，例如产品/服务质量、对价值的感知或合理性、价值、个人因素（买方的心态或激情状态），以及不同的购买者，等等。该定义明确指出，顾客满意度是一个情感性术语，他们区分了四种独特的满意度，即快乐、解脱、新奇和惊喜（Oliver 和 Swan，1989）。

Martin 和 Pranter（1989）同样指出，在众多的服务环境中，客户可能会影响不同顾客的满意或失望的情绪。尽管与同类顾客的愉快经历决定性地增加了服务体验，并且似乎也能改善。Bitner（1990）说，如果服务是有感情的，它就会对顾客产生直接和迅速的影响。因此，敦促员工在合理的时间内向理想的人提供正确的服务，并表现出良好的行为是非常关键的（Bitner, 1990）。

客户满意度同样也变成了改善服务公司的一个值得注意的好处。例如，长期的感激之情、客户的依赖性、客户的维护等。许多分析家认为，客户满意度对客户的回购期望有很大的影响（Cronin，Brady 和 Hult；2000）。满意的顾客会传播积极的非正式交流，并吸引新的顾客，使企业长期受益。因此，顾客满意度将是每个组织的成就程度，包括公共部门在内的每个组织的成就感（Tirimba 等，2013）。

2.2.3　人本理论

人本理论的核心是人，如今，众多管理者也将人本理论运用到企业的员工管理和顾客管理中，从他们的角度思考企业所具有的制度和服务是否能满足他们的预期，是否能激发他们心理上的情感。例如，通过激励，激发和调动员工的主动性和创造性，使其达到既定的目标。旅游活动是一项服务性的活动，它在对人们的关怀和尊重中起到了很大的作用，各种体验都围绕着以人为本的思想展开。在实地调研时，景区的游客、管理人员和广大的一线工作人员都应该纳入访问的范围，这样才能有效地测量旅游景区的服务质量。把以人为本的理念作为指导的基本理论，这也为森林康养旅游服务质量探究提供了理论支持。

2.3　相关研究进展

本书对森林康养、旅游服务质量和游客忠诚度等进行了文献综述，具体内容如下。

2.3.1　森林康养

据估计，到 2050 年，全球 68% 的人口将生活在城市化地区。尽管具有增加就业机会和提高生活水平的好处，但对城市生活也存在负面影响。研究发现，居住在城市地区的人比居住在农村地区的人更有可能遭受健康状况不佳的痛苦 (Harriss 和 Hawton，2011)。此外，心理健康障碍在城市人口中更为普遍（Weich 等，2006)。对于抑郁症来说尤其如此。现代人因工作节奏加快和诸多生活琐事的困扰，人们普遍有过焦虑、压力、抑郁等情况的产生。在此背景下，人们的健康意识渐渐提高，开始重新考量人类与自然环境的关系，并尝试从自然生态系统中获得健康支持。相关的绿色活动逐渐进入人们的视野，如生态旅游、森林旅游、森林浴、森林康养、森林养生等。现代医学证实，森林环境对人们的身心健康均有益处，如释放压力、缓解焦虑情绪、降血压等。

（1）森林康养的概念和内涵

现在的森林治疗概念是在日本发展起来的“森林”，翻译为“森林沐浴”。这一概念是由日本林野厅于1982年提出的，现在已成为日本的一种普遍做法。研究发现，森林疗法确实有能力改善身心健康（Chalquist，2009；Kamioka 等，2012；Kim 等，2015；Song 等，2017a；Lyu 等，2019；Rajoo 等，2019；Kotte 等，2019)。这些发现激发了人们对森林治疗的有益作用的兴趣和认识。在韩国，法律将森林治疗定义为“利用森林的各种要素加强免疫接种和促进健康的活动”（Jung 等，2015）。然而，森林治疗的概念在大多数国家仍然相对较新（Rajoo 等，2019）。

关于森林康养的定义，学术界还尚达成统一。将森林与旅游、地产、医疗、养生、休闲、度假等结合起来开发，形成比较完整的产品结构和产业链条，满足各个年龄段的健康养生需求，既是产业角度的森林康养，也是我国大健康产业的有机组成部分。

笔者认为，森林康养的概念可以分为狭义和广义两种。狭义地理解为：以良好的森林资源、环境、康养产品为基础，结合传统医学和现代医学，开展一系列疗养、康复、养生为主，并兼顾娱乐、休闲、度假等活动，即森林康养。该定义注重从疗养和康复角度，即更加突出医学的作用。

广义地理解为：人们以良好的森林资源、环境和产品为依托，开展一系列健身康体、有益身心的各类活动，包括运动、疗养、康复、养生、休闲、娱乐等。

（2）森林康养对人体健康有效性的研究

第一，心血管疾病。一般来说，从生理和社会心理的角度来看，有重要的数据表明森林治疗对人类健康有积极的影响，生理学研究发现心血管健康改善（Lee 等，2011；Song 等，2015；Ochiai 等，2015；Bing 等，2016；Song 等，2017a，b；Ohe 等，2017；Mao 等，2017；Lyu 等，2019；Rajoo 等，2019；Yu 和 Hsieh，2020），增加 NK 细胞数量和活动（Li 等，2007，2008；Kim 等，2015；Lyu 等，2019），糖尿病患者血糖水平降低（Ohtsuka 等，1998），副交感神经活动增加（Park 等，2009）。身体健康的改善可以归因于压力水平的减少，因为森林治疗是一种治疗形式。此外，轻度运动就像穿越森林一样，可以提供一系列的健康益处（Smythetal，2002 年）。

过去 10 年来，全球心血管疾病（CVD）造成的死亡人数增加了 12.5%，目前是全球死亡和残疾的主要原因（Han 等，2020）。这是由于生活质量的提高，人类的预期寿命显著增加（Forememan 等，2018）。全球≥ 65 岁人口比例将从 2010 年的 13% 增加到 2030 年的 19%，而≥ 85 岁的全球人口将从 2010 年的 0.03% 增加到 2030 年的 1.4%（Kontis 等，2017）。老年是大多数慢性疾病，如 CVD、癌症和神经退行性疾病的主要不可改变的危险因素。在所有疾病中，CVD 是全球随着世界人口持续增长而增加的最普遍的疾病（Kontis 等，2017）。尽管 CVD 在老年人中最为普遍，但年轻人也可能面临风险，尤其是他们实行不健康的生活方式（Harriss 和 Hawton，2011）。

Lee 等（2011）利用自律神经系统研究了心率变异性，其中副交感神经活动可以用高频（HF）频谱分析来看，交感神经互动可以用低频：高频（LF/HF）的比率来看。在森林治疗过程中，HF 值明显升高，LF/HF 值明显降低，这表明心血管健康得到改善。Lee 等（2011）承认，由于研究对象是年轻的成年男性，结果不能推断到女性或年龄较大的群体；这些群体更有可能发生心血管疾病（Song 等，2015；Arora 等，2018）。也有学者针对老年人进行了研究，发现在接受森林疗法时，参与者的收缩压和舒张压更低，脉搏更轻松（Ochiai 等，2015；Song 等，2015；Song 等，2017）。此外，Ochiai 等（2015）还研究了唾液中的皮质醇水平，发现受试者在参加森林疗法时皮质醇水平下降，这意味着参与者能够更好地管理压力。Mao 等（2017）研究了森林疗法对老年 CHF 患者的影响，其中 B 型钠尿肽（BNP）有明显下降，表明整体心脏健康得到改善。Ohe 等（2017）对办公室工作人员进行了研究，结果发现，在受试者参加森林疗法后，收缩压和舒张压都有减少。这些研究都报告了积极的发现，森林疗法被证明对心血管健康可以产生积极的影响。

第二，免疫系统。Bing 等（2017）研究了森林疗法对老年慢性阻塞性肺病（COPD）患者的影响，该研究有两组，一组参加了在自然森林中进行的为期三天的森林疗法，而对照组则留在城市环境中。参加疗法的人的颗粒酶 -B 和穿孔蛋白的表达量明显下降，而对照组则没有变化。因此，森林疗法对患有 COPD 的老年患者有效。自然杀伤细胞（NK 细胞）是先天免疫系统的关键，因为它们对病毒感染和肿瘤生长提供快速反应

（Lyu 等，2019）。Kim 等（2015）研究了森林疗法作为抗癌疗法的潜力，该研究涉及 11 名 3 期乳腺癌患者，研究发现 NK 细胞数量和活性增加。由于森林疗法是一种运动和压力管理的形式，参与者的免疫力很可能受益于森林疗法。Lyu 等（2019）甚至推测，森林的无污染环境有助于建立免疫力，包括 NK 细胞的生长，因为这样的奢侈品在城市化地区是没有的。

第三，神经内分泌系统。神经内分泌系统是由几组神经元、腺体和非内分泌组成的，它们一起工作，接收信号，产生调节行为或生理状态所需的神经化学物质和激素（Levine，2012）。然而，关于森林疗法对神经内分泌系统影响的研究有限。Park 等（2009）进行了一项广泛的研究，已确定森林疗法对年轻男子的生理影响，疗程结束后，副交感神经活动（PNS）增强，交感神经活动（SNS）降低，皮质醇浓度降低，血压降低，脉搏降低，由此得出结论，森林疗法可以作为一种促进健康和预防疾病的方式。

第四，心理社会影响。与生理学研究类似，关注森林治疗的心理社会影响的研究普遍都是积极的。这些研究使用了自我评估问卷，最常见的是 POMS，用来测量参与者的情绪状态和整体心理健康（Lee 等，2011；Bielinis 等，2018；Furuyashiki 等，2019；Yu 和 Hsieh，2020）。除此之外，研究人员还使用了各种其他的量表，如总情绪障碍（TMD）、计算负面情绪的总体水平（Yu 和 Hsieh，2020）、积极和积极影响时间表（PANAS）(Bielinis 等，2018）、抑郁焦虑压力量表（DASS21），来评估当前的抑郁、焦虑和压力症状（Vujcic 和 Tomicevic-Dubljevic，2018），以及其他各种自我评估工具。所有这些调查问卷都被翻译成参与者能够理解的语言。然而，Sonntag-Ostrom 等（2015）使用了一种非结构化的方法，依赖于个性化的访谈来绘制数据。七项研究评估了森林疗法的放松效果，每项都关注不同的人口统计数据，如大学生（Lee 等，2011；Bielinis 等，2018；Vujcic 和 Tomicevic-Dubljevic，2018），已工作的成年人（Jung 等，2015；Ohe 等，2017）和中年女性（Lee 等，2019）。这些研究均发现，受试者的心理健康状况得到了改善。

关于为什么像森林这样的自然环境对身心健康有积极的影响，一直有很多争论。一些研究人员认为，这是在森林治疗中使用的活动带来了好处，而不是自然本身。例如，轻度运动，通常以步行或伸展运动的形式，可以对免疫系统产生积极的影响（Smyth 等，2002），降低血糖水平（Ohtsuka 等，1998），甚至减少慢性疼痛（Kang 等，2015）。另外，血压还可以通过更好的压力管理来降低（Rajoo 等，2019）。减少日常压力对心理健康也有积极的影响（Dolling 等，2017；Lee 等，2019）。因此，由于放松活动和轻度运动相结合，森林疗法很可能对身心健康产生积极的影响。例如，Dolling 等（2017）发现，从事室内手工艺制作等放松项目的参与者与参与森林治疗的参与者经历了同样的健康改善。

然而，几项调查了城市环境和森林环境对人类健康的影响的研究发现，放松活动和轻度运动的参与者只能体验到森林环境中的积极影响（Bing 等，2016；Ohe 等，2017；Song 等，2017b）。一些研究人员认为，这是由于拥挤和污染的城市化地区对人们产生了压力影响（Jung 等，2015；Bielinis 等，2018）。Ulrich 等（1991）提出，生活在以结构主导的环境中会增加城市居民的压力水平，使他们更容易患上精神和身体疾病。由 Ulrich 等（1991）提出的减压理论（SRT）解释了城市居民有时需要体验自然元素的必要性。SRT 指出，通过观察森林或河流等自然风景，它们创造了积极的感觉和情感，从而达到恢复性效果。一些研究人员认为，森林的治疗能力主要是体现在这里的作用。

2.3.2　森林康养旅游

森林旅游是我国一种生态旅游和流行的休闲活动，满足了人们对绿色健康生活的需求。森林旅游已成为第三产业的重要支柱，是指森林景观中的旅游活动。景观资源不仅包括动植物资源，还包括生态环境和文化资源。森林旅游是利用森林资源的一种传统方法。简言之，它是指森林中任何形式的旅游活动，无论是在森林环境中，还是通过使用森林作为背景。因此，森林旅游可以从广义或狭义来定义。许多人选择在森林里散步、重建和做饭。一般来说，人们认为森林旅游是一个接近自然的机会，并更多地关注视觉体验。

目前，森林康养旅游的研究主要集中于概念辨析、康养效应、开发潜力评估、康养旅游资源评价、康养旅游产品、康养旅游行为和基地建设发展等方面。关于森林康养的内涵，绝大多数学者从两个方面理解森林康养：一是治疗角度，着重治疗疾病；二是休闲视角，注重放松、休闲、逃避常规等。李济任等（2018）构建了森林康养旅游开发潜力评价指标体系，采用层次分析法和模糊综合评价法评价开发潜力。针对康养资源，学者基于康养功能和康养服务探讨了森林康养资源适宜性评价体系和方法。潘洋刘等（2018）构建了指标体系，分别计算了生理保健康养、心理调节康养、运动健身康养、科普宣教康养四种康养活动的评估价值。由于森林康养旅游开发没有固定的模式，森林康养旅游产品的探讨更多是基于个案具体问题具体分析。森林康养旅游行为影响因素和机制的探讨对于森林康养旅游基地的建设具有重要的意义，如武长雄（2020）运用二元 Logistic 回归对杭州市居民参与森林康养旅游行为的影响因素进行实证研究；程刘玉综合运用定性和定量研究方法，以网络和访谈文本为质性分析数据源，以实地调研数据为定量分析数据源，探讨森林康养旅游体游客重游意愿的影响，为森林康养旅游目的地打造优质体验、提高游客重游意愿献计献策。由于资源禀赋不同，以往研究通常是根据不同的森林康养基地提出相对应的发展模式或建设路径。陈圆等（2021）运用 SWOT 分析法从优势、劣势、机会、威胁对福建省三明市格氏栲森林康养基地的开发建设进行现状梳理及问题诊断，并有针对性地提出建设发展路径。

2.3.3 旅游服务质量

在过去的几十年里，服务质量由于其对业务绩效、低成本、客户满意度、客户忠诚度和盈利能力的强烈影响而成为执业者、管理者和研究人员关注的主要领域（Leonard 和 Sasser，1982；Cronin 和 Taylor，1994；Gammie，1992；Hallowell，1996；Chang 和 Chen，1998；Gummesson，1998；Lasser 等，2000；Silvestro 和 Cross，2000；Newman，2001；Sureshchander 等，2002；Guru，2003）。在服务质量的定义、建模、测量、数据收集过程、数据分析等方面的研究不断深入，为研究人员提供了坚实的基础。

（1）服务质量的概念

Gronroos（1982）首先明确提出“服务质量”概念，将研究视野由服务供给者转移到服务需求者，并指出服务水准由消费者实际感受的服务水准和之前期望的服务水准确定；在进行服务质量评价的时候，要把顾客的实际感受与预期期望的服务对比分析，这说明服务质量是带有一定主观性的。Garvin（1984）与 Lewis（1983）都赞同了 Gronroos 观点，并提出服务质量是基于顾客的一种感知性质量，只有顾客期待的服务与所提供服务一致时，才说明服务质量水平较高。

服务质量是指企业生产的产品或提供的服务能够满足规定的要求或潜在的消费者需要的特征和特性的综合。服务质量应该具有安全性、有用性、经济性等特征。期望的服务质量是顾客对企业所生产的产品或提供的服务希望达到的特性或特征水平。顾客感知的服务质量是顾客实际所感受到企业所生产的产品或提供的服务的质量。如果顾客感知的服务质量高于其期望的服务质量，那么顾客就会获得满足感，得到较高的满意度，从而认为该企业的服务质量较高；反之，则会认为该企业的服务质量没有达到预期，满足不了顾客需求。从这个角度来看，服务质量是顾客主观感知质量与预期服务质量的比较。

因为服务本身的特性是无形性、异质性、生产与消费的同步性和易逝性，用一个统一的标准对服务进行衡量是很难的，所以在学术上，服务质量没有一个统一的定义。服务质量的相关概念见表 2-4。

表2-4　服务质量的相关概念

作者	概念
Parasuraman、Zeitherml、Berry（PZB）	服务质量是一种由客户主观预期与实际感觉比较得出的长期性的服务评估
Cronin&Tyalor	服务质量是顾客在服务过程中实际感受到的服务质量，应由服务执行绩效来衡量，不需要与期望服务水准进行比较
王帅	旅游行业的服务质量是游客在享受旅游服务时，心中对服务的期望和实际的感知的服务进行比较的综合结果

从上述的定义可以看出，在学术界，虽然各学者存在着不同的观点，但本质是一致的。因此，服务质量是建立在消费者对服务的主观期望和对服务的真实感知的比较之上的一种长期性的评价，它应当根据服务传递的方法、过程和结果来进行权衡。

（2）服务质量的质量特性

顾客需要可划分为精神需要与物质需要两个部分，在对服务质量进行评价时，就被服务对象的物质需要与精神需要而言，概括起来主要有以下六个质量特性：

第一，功能性。功能性是指企业所提供服务具有的功能与功效的属性，它是服务质量属性中最为本质的属性。

第二，经济性。经济性是指被服务者为了获得某种服务所需的成本的合理性。经济性是相对于所得到的服务质量而言的，即经济性是与功能性、安全性、及时性、舒适性等密切相关的。

第三，安全性。安全性是指企业在提供服务时确保客户生命无损、心理无损、商品无损。安全性又包含物质与精神两个层面，提高安全性的着眼点是在物质层面。

第四，时间性。时间性旨在表明服务工作是否能满足被服务者对服务工作的时间要求，时间性主要包括及时、按时、省时三个方面。当服务质量不能满足要求时，就会造成服务中断或延迟。如果服务中断或延迟超过规定期限，则可能导致服务失败或服务出错，影响消费者对服务产品的满意度和忠诚度。

第五，舒适性。当功能性、经济性、安全性和时间性要求得到满足时，被服务者希望服务过程是舒适的。

第六，文明性。文明性属于服务过程中为满足精神需求的质量特性。被服务者期望得到一个自由、亲切、受尊重、友好、自然和谅解的氛围，有一个和谐的人际关系。在这样的条件下来满足被服务者的物质需求，这就是文明性。

服务质量要素是用来判断服务质量的，包括五个方面：可靠性、响应性、保证性、移情性、有形性。

第一，可靠性，即服务承诺是否得到了可靠和准确的兑现。可靠的服务行为被客户寄予厚望，这就决定了服务必须在同样的条件下，毫无错误地按时进行。在竞争日益激烈的今天，顾客对服务质量提出了更高的要求，而提高服务质量就需要企业提供有竞争力的产品和服务。质量管理是指通过控制产品质量来保证顾客满意程度的活动。可靠性其实就是需要企业在提供服务时避免出现错误，由于错误对企业造成的不只是直接经济损失，还会意味着大量潜在客户的流失。

第二，响应性，即希望协助客户，并快速而高效地提供服务。让客户等待尤其是没有理由的等待，会对质量感知造成不必要的负面影响。发生服务失败后，快速解决问题对质量感知有正向影响。对客户的各种需求，企业能不能及时予以满足，就说明了企业服务的方向，也就是要不要以客户利益为重。与此同时，服务传递是否高效也从侧面体现出企业服务质量如何。研究显示，服务传递中客户等待服务时间是一个与客户感受、客户印象、服务企业形象和客户满意度相关的显著因素。如果顾客等待时间过长，就可能导致服务质量下降，最终降低其满意度和忠诚度。在服务行业中，由于顾客需要在规定的时间内完成任务，因此往往要比其他行业更加频繁地等待。因此，尽可能地减少客户等待时间和提高服务传递效率，会极大地改善企业服务质量。

第三，保证性，即员工拥有的学识、礼节及表示信心与可信赖的本领。这三个方面可以说是影响顾客满意的主要因素。在美国许多著名的大企业中都有这样一支队伍，他们为每一个人提供优质服务，并把这种意识贯穿于整个经营过程中，可以提高客户对于企业服务质量的信任感与安全感。当客户与一个亲切、善良、有知识的服务人员相处时，他会以为找到了合适的企业，因而得到自信与安全感。友好态度与胜任能力二者不可缺。如果服务人员没有善意，则会让客户不高兴；如果服务人员对专业知识了解得太少，则会让客户失望。保证性主要具有以下几个特点：服务完成能力强，对客户有礼貌，与客户进行有效交流，把客户最感兴趣的事情记在心里的心态。

第四，移情性，即站在客户的立场上考虑问题，格外重视客户。在企业管理中，移情性的作用越来越大。它不仅影响员工工作态度与行为，而且会给企业带来经济效益和社会效益。因此，研究移情性很重要。什么是移情？移情性具有以下几个特点：与客户亲近，敏感，高效了解客户需求。

第五，有形性，即有形的设施、设备、人员和沟通材料的外表。有形的环境是服务人员对顾客更细致的照顾和关心的有形表现。对这方面的评价可延伸到包括其他正在接受服务的顾客的行动。

总之，顾客从这五个方面将预期的服务和接收到的服务相比较，最终形成自己对服务质量的判断，期望与感知之间的差距是服务质量的量度。从满意度来看，既可能是正面的，也可能是负面的。

（3）服务质量测量模型

目前，研究人员探讨了很多的服务质量测量模型，本节中主要针对常用的一些模型进行分析。

第一，顾客感知服务质量模型。Gronroos（1984）开发了第一个服务质量模型（图 2-1），并基于定性方法的测试测量了感知的服务质量。模型中以技术质量、功能质量和企业形象作为服务质量的维度。技术质量是指客户对服务的评价。功能质量是消费者认知和服务差异化更重要的变量，是指消费者如何接受服务。技术质量感兴趣的是交付的内容，而功能质量感兴趣的是如何提供服务。企业形象对客户的认知度有积极的影响。

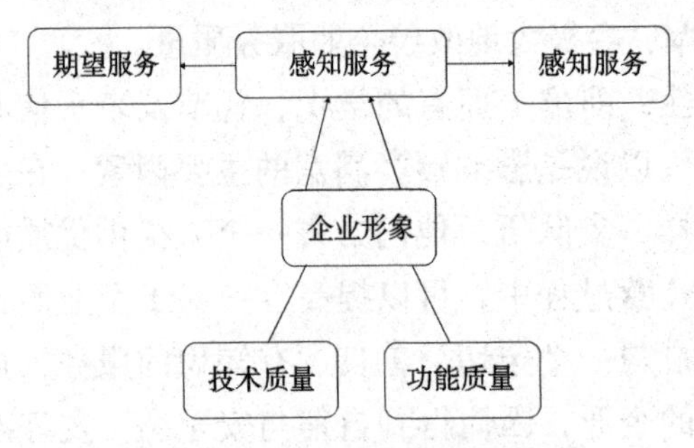

图 2-1　格鲁诺斯服务质量模型

技术质量与功能质量。技术质量与服务的产出有关，是在服务生产过程中和买卖双方的接触过程结束之后顾客所得到的客观结果。功能质量与服务的过程有关，是在服务生产过程中，通过买卖双方的接触，顾客所经历和所感受的东西。服务的技术质量表示顾客得到的是什么（WHAT），便于顾客客观地评估；而功能质量则表明顾客是如何得到这些服务结果的（HOW），颇具主观色彩，一般很难客观地评定。

期望质量与经验质量。期望质量就是顾客在头脑中所想象或期待的服务质量水平。它是一系列因素的综合作用的结果，包括以下五个方面：①营销宣传，如广告、邮寄、公共关系、推销等；②顾客以往接受的相同或类似服务的经历，作为质量标杆，对顾客的期望产生影响；③提供服务的企业形象越好，顾客对其服务的期望值就越高；④其他顾客接受类似服务后所做的评价也会影响某个顾客的服务评价；⑤顾客对服务的需求越强烈紧迫，对服务质量的期望值就越低。顾客的体验质量是指顾客在接受服务的过程中，通过对服务的技术质量和功能质量的体验和评价而得到的印象。

维度划分。研究表明，顾客感知服务质量不是一个一维的概念，也就是说顾客对感知服务质量的评价包括多个要素。经过理论与实践的总结，这些服务部门包括机械修理、银行、长话服务、证券经纪人和信用卡服务等。他们确立了用来评价顾客感知服务质量的五个基本方面：可靠性、响应性、安全性、移情性和有形性。

第二，GAP 服务质量模型。Parasuraman 等（1985）分析了服务质量的维度，并构成了一个 GAP 模型（图 2–2），该模型为定义和衡量服务质量提供了一个重要的框架 。他们通过包含深度和焦点小组访谈的探索性研究的结果，开发了 GAP 服务质量模型。GAP 服务质量模型展示了通过高管访谈和焦点小组访谈对服务质量概念获得的关键见解。执行访谈显示的差距显示在营销人员方面（GAP1 、GAP2、GAP3、GAP4），而由焦点小组访谈形成的 GAP5 显示在模型的消费者方面。

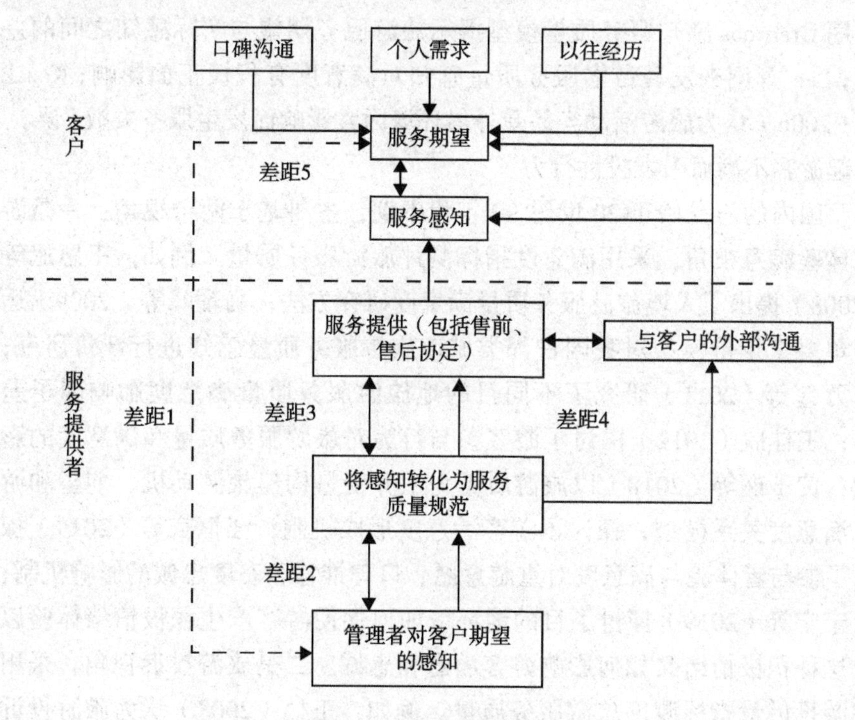

图 2–2　GAP 服务质量模型

内部服务质量模型。服务模型（Parasuraman 等，1988）的适应性，开发了一种称为内部服务质量模型的内部服务质量模型。该模型衡量了航空行业一线员工和支持人员等内部客户的服务质量。然而，研究结果发现，内部服务质量主要受响应性的影响；可靠性是服务质量中最重要的影响因素。

布雷迪和克罗宁公司的服务质量。Brady 和 Cronin（2001）开发了一个衡量服务质量的模型。根据模型，由态度、行为和专业知识形成的互动质量，由环境条件、设计和社会因素构成的物理服务环境质量，由等待时间、有形物和效价形成的结果质量影响服务质量。他们使用李克特量表来衡量消费者对维度下物品的态度。马丁内斯卡罗和马丁内斯加西亚（2007）使用这个模型的实证研究测量紧急交通服务行业。

（4）旅游服务质量

国外旅游服务质量研究始于20世纪80年代。例如，Frochot 等（2000）使 HISOQUAL 模型衡量历史建筑中服务质量的方法，为发现服务的优缺点提供了一种工具；Reichel 等（2000）以色列乡村旅游为例，使用 Gronroos 感知服务质量模型揭示旅游服务期望与实际感知之间的差距；Lee 等调查发现游客服务质量感知对满意度有积极正面影响；Kozak 等（2006）认为旅游活动容易受外界环境因素影响而发生服务失败（误），引起游客不满而引发投诉行为。

国内的研究始于20世纪90年代中期，主要基于两个视角：一是游客体验满意视角，采用满意度指标测评旅游服务质量。例如，王恩旭等（2008）提出了入境旅游服务质量满意度研究方法；马耀峰等（2009）运用单要素评价模型对我国古都类城市旅游服务质量感知进行评价研究；李万莲等（2011）研究了不同目的地旅游服务质量满意度影响因子差异；王佳欣（2012）探讨了游客参与行为对旅游服务质量和满意度的影响；黄子璇等（2018）以旅游质量为中介变量构建旅游动机、期望和游客满意度关系模型，探讨了游客满意度形成机制；汪恒言等（2019）探讨了参与者体验与满意度对重游意愿、口碑推荐和态度忠诚的影响机制；徐宁宁等（2019）探讨了目的地环境如何促使游客产生积极情绪体验以及这种积极情绪又如何影响游客满意和忠诚。二是旅游投诉视角，采用旅游投诉量指标测度旅游服务质量。例如，王楠（2008）认为旅游投诉迫使管理部门和企业及时发现自身问题，从而促进旅游服务质量提高；丁伟峰（2018）从旅游投诉角度研究了张家界旅游服务质量问题；刘洋（2017）从旅游投诉角度探讨了景区服务质量优化问题；谭勇（2012）、卓淑军（2015）等从旅游投诉角度研究了旅游质量监管问题；姚小云等（2008）从网络投诉角度探讨了旅游服务质量提升的路径选择。

（5）森林康养旅游服务质量

关于森林康养旅游服务质量的研究，目前暂没有这方面的成果。森林康养旅游服务质量对于提高森林康养基地建设、完善旅游接待设施、提高服务质量具有重要的意义。因此，本书拟采用一定的服务质量评价方法考察森林康养旅游服务质量，以补充这方面的空白。

2.3.4　游客满意度

游客满意度源于市场营销领域中的顾客满意，它是消费者行为研究中最重要的组成部分。在旅游行业竞争日益激烈的今天，如何提高游客满意度成为各旅行社必须重视的问题。本文从顾客满意理论入手，结合我国旅游业现状提出了影响游客满意度的因素及相应对策。顾客满意度是指顾客在消费前对所购商品或劳务的预期与消费后对商品或劳务的实际情绪之间存在着差距所形成的一种态度，这种态度可能是正面的、积极的，也可能是负面的、消极的。如果产品或服务和消费者预期的一样或物超所值，那么消费者的态度是积极的、正面的；反之，则是消极的、负面的。

（1）游客满意度概念

有大量的文献关于消费者满意度和不满意度的，这个概念最初是针对商品的，但在20世纪80年代和90年代，在服务营销领域得到了越来越多的发展。顾客满意度的概念源于美国Cardozo（1965）的实验结果，实验中顾客的产品满意主要从购买产品所花费的成本和对产品期望的影响两个角度来验证。实验表明，当客户花费相当大的成本来获得产品时，对产品的满意度可能会比只使用适度的努力时更高。这一发现与通常的市场营销效率和顾客便利的观点相左。研究还表明，当产品达不到预期时，客户满意度明显低于产品达到预期时的满意度。满意度是指消费后先期望与感知绩效之间的感知差异（Oliver，1980）。

在旅游方面，满意度表现为当游客的实际旅行体验和旅行前期望的一致或超出期望时，那么游客是满意的；如果达不到旅行前期望，那么游客是不满意的。满意受到主观不确定性的影响，可能不同的游客对于同一个旅游目的地或旅游产品的主观体验是不同的，有些游客达到了预期期望，则是满意的，而有些游客达不到预期期望，则是不满意的。Pizam（1978）确定了游客对旅游目的地的满意因素，分别为海滩机会、费用、接待能力、饮食设施、住宿设施、环境和商业化程度。Correia、Kozak和Ferradeira（2013）从推力和拉力评估游客对目的地的总体满意度。此外，结果还表明，满意度与在适当情况下体验目的地的文化和社会特性的机会有关。Alegre和Garau（2010）提出，游客的一些负面或不满意的经历需要在特定的评价背景下进行定义，对度假体验中的满意和不满意的概念和测量的差异和互补性进行了分析。余忠发（2011）从旅游公共服务、旅游景区管理、旅游吸引要素和旅游产品组合四个要素层和33个指标层，采用IPA分析法评价青岩古镇景区游客满意度，并提出可持续发展策略。宋明珍等（2022）基于扎根理论和文本分析，构建了出游前—出游中—出游后的游客满意度影响因素概念模型，对新疆自然景区游客满意度存在的问题进行了剖析。Pizam等（1978）研究提示，游客将实际旅游的体验和出游前的期望进行比较，如果体验的效用大于预期期望，就会产生满意的结果；反之，则不满意。周文丽等（2022）以满意度评价模型中的CCSI模型为理论基础，探索旅游直播游客满意度影响因素，结果发现，直播平台美誉度、体验度、主播的讲解态度、平台上架的旅游产品与服务、及时发货和提供个性化服务的能力是影响旅游直播满意度的主要因素。蒋梦莹（2022）基于期望差异理论从景区资源环境、基础设施、餐饮住宿设施和管理与服务四个方面对喀纳斯景区游客满意度进行了整体评价。胡彩丽等（2022）认为森林康养游客满意度包括旅游支持系统、旅游环境、旅游产品和旅游者自身影响因素四个方面。

因此，本书将游客满意度作为一个态度来测量，即游客实际旅游体验后和旅游前预期期望比较后的一个整体态度。当游客实际旅游体验符合或超过旅游前预期期望时，是满意的；反之，则是不满意的。

（2）游客满意度的影响因素研究

以往研究表明旅游服务质量和价值观念影响满意度，而且满意度进一步影响了忠诚度和后期行为（Oliver，1980；Petrick 和 Backman，2002；Chen 和 Tsai，2007）。例如，对旅游体验满意的游客，会将自己快乐的经历分享给其他人，或者未来再次访问目的地，或推荐给其他人。不满意的游客则不会再次访问该目的地，也不会将其推荐给其他人，甚至可能将自己不好的旅游体验分享给其他人，表达自己的负面评价，进而损害目的地的市场形象和声誉。Pizam 等（1978）采用问卷调研法，对美国马萨诸塞州科德角海滨旅游地的游客进行满意度调研，结果发现，海滩旅游、餐饮设施、住宿设施、旅游成本、生态环境和商业化程度是影响游客满意度的主要因素。Dorfman（1979）则发现游客的观念、偏好、期望重要性和满意度之间有着适度的相关性。综上所述，不仅是旅游目的地的基础设施、旅游配套设施、服务态度、服务水平、旅游产品质量、产品结构等客观因素会影响游客满意度，而且游客本身及其心理变化也会影响游客满意度，比如游客的预期期望、观念、情感、偏好等主观心理活动，对于管理者而言，游客的主观心理活动比较难以满足。

第一，期望影响游客满意度。目前，很多研究成果表明游客期望与其满意度之间有一定相关性（Oliver，1980；Churchill，1982）。Oliver（1980）认为期望是衡量游客满意度最重要的指标之一，游客期望达到或超过才表示满意。罗青（2011）对宜春天沐温泉游客满意度进行了研究，构建了 36 项影响因子的期望—满意度评价指标体系。高明（2011）对期望、游客情绪和游客满意度三者之间的关系进行了综述，并提出了研究参考和启示。Masarrat（2012）研究发现，外国游客对乌塔兰契尔的河流、寺庙、公园和环境比较赞赏，但是还没达到游客预期服务，受到旅游区套餐不可用、交通不畅通、道路状况差、口译设施不方便等因素的影响。因此，游客预期的期望会影响游客的满意度，且非常重要。

第二，主客交往。Reisinger 和 Turner（1998）研究发现游客与东道主主人之间的文化差异对于他们之间跨文化交际、互动提供了基础，主客之间的良性互动对游客的满意度和重游意愿有重要影响。Pizam 等学者（2000）研究也发现，游客和东道主之间的关系密度越高，游客对主人的感情越好，游客对旅游体验的满意度就越高。黄丽满等（2020）构建了主客互动、游客满意度和重游意愿模型，结果表明，主客互动会显著地影响游客满意度，进而影响其行为意愿，其中女性群体的人机互动比男性群体要大。陈志钢等（2017）基于主客交往视角探究东道主、游客对城市旅游环境的评价，结果显示，居民好客度显著正向影响游客满意度，旅游环境、东道主和游客意向和行为之间构成了相互影响的逻辑路径。张宏梅和陆林（2010）以阳朔国内游客为研究对象，结果表明，主客交往不会直接影响游客满意度，而是通过旅游目的地形象，因此目的地形象在主客交往和游客满意度之间存在中介作用。

第三，目的地形象。以往的研究普遍认为目的地形象是影响游客满意度的一个重要因素，进而会影响游客重游意愿。Christina Geng-Qing Chi 等（2007）对阿肯色州的一个主要旅游目的地——尤里卡泉的游客进行调研，采用问卷调查法，共收回了 345 份有效问卷，结果显示，目的地形象直接影响了属性满意度；目的地形象和属性满意度都是总体满意度的直接前因；总体满意度和属性满意度反过来对目的地忠诚度有直接的积极影响。Mazlina Jamaludin 等（2012）采用问卷调查法在马来西亚霹雳州旅游年推广活动中进行调研，考察旅游动机、信息来源、目的地形象、游客满意度和目的地忠诚度的相关因果关系，共收回 241 份有效问卷，结果表明，目的地形象建设通过游客满意度直接影响目的地的忠诚度。Riyad Eid 等（2019）利用访问阿联酋的 829 名游客样本书目的地属性、政治（不）稳定、目的地形象、游客满意度和推荐意向之间的相互关系，以建立一个关于目的地形象的驱动因素和结果的概念框架。结果显示，游客对目的地属性和政治（不）稳定的评价是感知目的地形象的前因。此外，政治（不）稳定和目的地形象对游客满意度和推荐意向有很大影响。Chin-Shan Lu 等（2020）调查了香港的 247 名游客，研究香港的港口美学、目的地形象、游客满意度和游客忠诚度之间的联系，结果显示，港口美学正向影响目的地形象；目的地形象正向影响游客满意度；游客满意度对游客忠诚度有积极的影响；港口美学通过目的地形象和游客满意度对游客忠诚度产生间接的影响。

第四，旅游动机。旅游动机是游客旅行的重要因素之一，是旅行的起点，当旅游的动机可以满足时，游客才会出游。Mohamed Battour 等（2014）探索了旅游动机和游客满意度之间的关系，以及检验“宗教”如何调节这种关系。变量“宗教”由目的地与旅游相关的伊斯兰教规范和惯例的可用性表示。偏最小二乘法的结果表明，旅游动机与游客满意度有显著的正相关。结果还显示，宗教显著地调节了拉动动机和游客满意度之间的关系。然而，宗教对推动动机和游客满意度之间关系的调节作用没有得到支持。Chiedza Ngonidzashe Mutanga 等（2017）调查了游客参观两个非洲国家保护区的动机、游客的野生动物旅游经历、野生动物旅游经历的预测因素以及对整个假期或旅行经历的总体满意度，采用问卷调查法，共收回了128份问卷，结果显示，不同的动机因素对野生动物旅游体验有不同的影响。对野生动物旅游体验的满意度是由与野生动物互动的经验和对公园内收费价格的满意度来预测的，而对整个假期/旅行体验的总体满意度是由对野生动物旅游体验的满意度来预测的，通过解释和与野生动物的互动来加强。该研究强调，虽然了解游客的动机很重要，但了解良好的野生动物旅游体验的预测因素对公园的规划和管理也是有益的。CC Lu 等（2015）对中国台湾梅花湖风景区进行了调查，共发放了450份问卷，结果显示，教育水平导致了旅行动机的差异，收入影响了满意度，而居住地对旅行动机有显著影响。付丽等（2021）以平遥古城为例，从社交动机、身心需要动机、求知动机研究游客的满意度，采用问卷数据进行实证检验，探索不同旅游动机因子对满意度的影响。张欢欢（2017）从旅游拉力动机视角，以河南省信阳市郝堂村乡村旅游为例，采用因子分析和结构方程模型探索乡村旅游拉力动机维度与游客满意度、忠诚度之间的关系，结果表明，乡村旅游拉力动机维度由娱乐项目、体验项目、民俗、乡村文化和景观组成；民俗和乡村文化对游客满意度、忠诚度有直接显著正向影响，体验项目和景观拉力动机对游客满意度和忠诚度有影响但不显著，娱乐项目与游客满意度、忠诚度呈负相关关系。

第五，体验真实性。有学者认为，旅游的体验真实性是与物体相关或游客相关的经验现象（Beverland 和 Farrelly，2010）。游客从自己的经验或活动的主观感受，形成他们对真实性的感知。Hao Zhang 等（2018）以访问韩国历史村落（河回村和阳东村）的在韩华人（移民、工人和留学生）为研究对象，对430份问卷进行分析，结果显示，文化意识较高的韩国华人对世界文化遗产的客观真实性（如历史传统、文化遗产和建筑）更感兴趣；韩国华人可以通过旅游体验感受和体会传统文化的真正价值；客观真实性和存在真实性对游客满意度有积极影响；较高的游客满意度可以有效促进文化融合和同化，防止文化分离和边缘化。Marit Gundersen Engeset 等（2014）在四家山地旅馆进行了一个实地实验，其中向一些游客提供了两个真实的概念——当地膳食概念和讲故事概念，但没有向其他游客提供。结果显示，这两个真实概念对属性满意度和总体满意度之间的关系具有明显的调节作用；当游客体验了真实概念后，食物和服务满意度对总体满意度的影响变得更强。这些结果表明，引入真实的概念可以加强游客在评价过程中对体验的相关方面的重视程度。Volkan Genc 等（2022）探索了审美体验在文化遗产地的真实性对满意度的影响中的调节作用，采用结构方程模型进行定量数据分析，从文化遗产地的游客中收集经验数据。研究结果表明，游客的客观和建设性真实性不影响满意度，而存在性真实性影响满意度。审美体验在存在性真实性和总体满意度之间的调节作用已被确定。

综上所述，影响游客满意度的因素有很多，学者们主要对其中的期望、主客交往、目的地形象、感知价值和旅游动机做了比较多的研究。除了这些因素，还有一些其他因素也会影响游客满意度，比如有些学者探讨了个人经历、交通方式、游客情绪等，都会对游客满意度产生影响。

（3）游客满意度的测评研究

第一，测评指标。以往学者对游客满意度的理解有不同的层次，衡量也有不同的方法和标准。游客满意度的测评，对于提高游客满意度，改善游客不满意的要素具有重要的意义。由于旅游业态多样、旅游产品繁杂、不同目的地和游客个体之间的差异，学者们探索了不同的测评方法。董观志和杨凤影（2005）认为游客满意度是保证客流量的根本动力，构建了游客满意度的测评指标体系，运用模糊综合评价法测评游客满意度。王利鑫等（2022）以运城舜帝陵景区为研究对象，采用因子分析法测评游客满意度，结果显示，共提取出四个主要影响因子，其影响程度为景观价值 > 游览氛围 > 基础设施 > 服务质量。Atila Yüksel 等（2003）以游客的餐饮体验为重点，调查了游客是否可以被归类为不同的细分市场，决定顾客满意度的变量构成是否在所确定的细分市场中有所不同，以及市场细分策略是否有助于建立更简明的满意度预测模型。因素分析被用来确定可能影响游客餐厅选择和评价的维度，而聚类分析则被用来识别同质的受访者群体。然后采用多元回归分析来研究服务维度在决定每个群体的满意度判断中的相对重要性。基于这些分析，确定了五个不同的餐饮区。不同的服务维度会影响满意度的判断。与总体市场水平相比，在市场细分水平上进行分析时，满意度的变化更大。

第二，测评模型。国内外众多学者对服务质量评价方法进行了深入的研究，产生了较多的评价方法。主要测量模型有 Martilla 和 James（1977）提出的 Importance Performance Analysis 实际分析模型，Parasuraman、Zeithaml 和 Berry（1988）提出的 SERVQUAL 模型，Cronin 和 Taylor（1992）提出的 SERVPERF 服务绩效模型。其中，尤以 SERVQUAL 和 SERVPERF 应用最为广泛，案例大多选择酒店、银行、保险等行业。SERVQUAL 是由 1988 年 Parasuraman、Zeithaml 和 Berry（简称 PZB）提出的，该模型评价的基础是顾客期望的服务质量和所感受的实际服务之间的差异，共包含 22 个题项的量表。PZB（1994）在自己原有量表的基础上，对量表的提问方式和测量语气上面进行了完善。新的量表被广泛地应用在酒店行、航空和国家森林公园等领域，用以测量游客的满意度。Akamad 等（2003）以 Tsavo West 国家公园为案例的研究调查公园的旅游产品质量与游客满意度关系，共有 200 名国际游客接受采访，运用 SERVQUAL 服务质量量表衡量服务质量，发现绝大多数的游客（超过 70%）表示对旅游体验较为满意。研究认为，可能存在的其他外部因素是造成肯尼亚旅游业绩下滑和表现不佳，公园旅游产品质量的下降并不是这种下降的决定性因素。SERVQUAL 模型之后，Cronin 和 Taylor（1992）提出了 SERVPERF 评价方法。与 SERVQUAL 相比，其在维度和测量指标上并没有发生多大变化，主要特点体现在 SERVQUAL 仅仅测量游客感知，而不考虑游客的期望。关于两个测量模型孰优孰劣，不同的学者有着不同的见解。Quester 和 Romaniuk（1997）通过比较方法试图确定哪个方法最适合澳大利亚广告公司，SERVPERF 被发现是对服务质量最好的整体预测量表。龚奇峰（2011）以上海的教育服务行业作为研究对象，进行信度效度检验，结果表明国内教育行业 SERVPERF 量表比 SERVQUAL 量表更适合。方宇通（2012）认为 SERVPERF 量表和 SERVQUAL 量表对于顾客感知服务质量评价都具有较高的信度、效度及变异解释能力，但是相比而言 SERVPERF 量表更容易回答。

除此之外，谢彦君和吴凯（2000）在游客期望、影响因素的基础上，提出测算旅游体验质量的交互模型。涟漪和汪侠（2004）根据 Fornell 的顾客满意度指数理论，构建旅游目的地顾客满意度指数的测评模型（TDCSI）实证研究，发现该模型是科学的、合理的。国内外学者在测量模型和测量体系上倾注了大量的心血，对于不同方法、不同模型进行对比与实证研究，获得丰硕的成果，为旅游发展研究奠定了扎实的基础。

2.3.5 客户忠诚

一个公司的营销活动的核心要旨通常被认为是发展、维持或提高顾客对其产品或服务的忠诚度。尽管大多数关于忠诚度的营销研究都集中在经常购买的包装商品上（品牌忠诚度），但忠诚度的概念对工业品（供应商忠诚度）、服务（服务忠诚度）都很重要。事实上，顾客忠诚度构成了市场战略规划的一个基本目标，并代表了发展可持续竞争优势的一个重要基础。这种优势可以通过市场营销来实现。在目前全球竞争日益激烈的环境中，一方面是创新产品快速进入市场，另一方面是某些产品市场的成熟条件下，管理忠诚度的任务已经成为管理方面的一个焦点挑战。客户忠诚度是促进企业获得竞争优势的主要因素之一（Prentice 和 Loureiro, 2017）。它是一种重要的资产，可以帮助企业确保未来的销售，以及提高其盈利能力（Kamran-Disfani 等，2017；Hallowell，1996）。Camarero 等（2005）在西班牙的一项案例研究中发现，客户忠诚度对企业的市场绩效和经济绩效都有积极影响。

（1）客户忠诚概念

第一，基于购买的定义。品牌忠诚度的文献包含了大量的衡量标准，例如 Jacoby 和 Chestnut（1978）在他们的评论中引用了 53 个定义，但这些定义主要是操作性的，缺乏理论意义。传统上，品牌忠诚度的研究使用了各种来自面板数据的行为测量。这些标准来自面板数据。这些措施包括购买比例、购买顺序（Kahn, Kalwani, and Morrison；1986）和购买的概率（Massey 等，1970）。Jacoby 和 Chestnut（1978）批评说这些行为测量方法缺乏概念基础，并且只捕捉到了动态过程的静态结果。这些定义没有尝试过了解重复购买的基本因素。高重复购买率可能反映了环境的限制，如零售商的品牌库存。低重复购买率可能只是表明不同的使用情况，寻求多样性，或缺乏品牌的偏好。这些行为的定义并不足以解释品牌忠诚度会发展和（或）改变的原因。

第二，态度上的考虑。Day（1969）认为品牌忠诚度是由强烈的内部倾向所促使的重复购买所组成的。从这个角度来看，购买行为不是由伴随的强烈态度所引导，而仅仅是由情境所引导。随着强烈的态度，仅仅是由形势所决定的购买行为，被称为“虚假”的忠诚，即表现为行为上的忠诚而没有态度上的忠诚。相应地，Day（1969）、Lutz 和 Winn（1974）提出了忠诚度指数，基于态度和行为的综合指数。因此，个人对重复购买的处置基础，即对目标的评价，被视为与忠诚度的概念密不可分（Jacoby 和 Chestnut，1978；Jacoby 和 Kyner，1973；Jacoby 和 Olson，1970）。此外，由于重复购买的前提是在备选方案中的选择，消费者对相关方案中的目标的相对评价很可能具有重要性。我们要注意一个人的态度和条件的特点。在概念化忠诚度和确定其测量的经验基础时，个人的态度和导致态度一致的购买行为的条件逐渐引起学者的注意。

客户忠诚度被定义为客户对特定产品或服务提供商所表现出的积极态度。客户对某一产品或服务供应商的积极态度，从而导致重复购买行为（Anderson 和 Srinivasan，2003；Srinivasan 等，2002）。这个概念的最初概念化倾向于关注行为成分（Kuehn，1962），这使我们很难区分真正的忠诚和虚假的忠诚。一些研究者认为，客户忠诚度最好同时使用态度成分和行为成分来衡量，以区分真正的忠诚度和虚假的忠诚度（Kumar 和 Shah，2004；Anderson 和 Srinivasan，2003）。

Yee、Yeung 和 Cheng（2010）发现，员工忠诚度、服务质量和顾客满意度对顾客忠诚度均有正面影响。此外，根据 Oliver（1999）的研究，忠诚度可以通过不同的阶段发展，即认知感、情感、观念方式，最后是行为方式。前三个阶段通常被称为态度上的忠诚度，它取决于顾客对服务提供者的体验（整体满意度）。完成了这三个阶段可以形成最后阶段的行为忠诚。这一演变过程得到了一个关于顾客忠诚度前因的荟萃分析的证实。Pan、Sheng 和 Xie（2012）对顾客忠诚度的前因进行了元分析。在这项研究中，通过进行元分析，作者还发现经验证据支持客户满意度、信任、承诺和忠诚度的会员资格对顾客忠诚度均有积极影响。此外，与产品相关的属性，如质量、价值、品牌声誉和转换成本也决定了客户的忠诚度水平。

（2）客户忠诚的影响因素

有几个因素影响顾客忠诚，包括感知价值、动机、商品形象、顾客满意度（Hallowell，1996）和顾客信任等。李纲等（2022）研究了大学生对网约车的体验感，采用了大连市 9 所高校数据，构建了框架模型，结果显示，大学生乘车的满意度显著正向影响大学生乘车忠诚度。王世涛等（2022）从体育健身消费视角，构建了企业品牌形象、感知价值、满意度和忠诚度框架模型，验证了商业健身俱乐部的品牌形象显著正向影响顾客忠诚度。张双等（2022）对农产品批发市场经营商的忠诚进行研究，结果表明，批发市场服务质量、信誉、声誉、市场环境等影响了经营商户对农产品批发市场的忠诚。袁建琼等（2022）对张家界国家森林公园游客的支付意愿和忠诚度进行了研究，结果显示，游客对张家界的总体满意度和属性满意度均正向影响游客对该目的地的忠诚度。根据 Pan 等（2012）的研究，当涉及实现客户忠诚度时，客户信任具有相对较高的预测能力。即便如此，Srinivasan（2002）也强调了互动性对顾客忠诚度的重要性。韦福祥等（2003）通过研究发现，服务、价格和品牌产品也是影响顾客的重要因素。

（3）顾客满意度和顾客忠诚度

尽管顾客满意度和顾客忠诚度是不同的结构，但它们是高度相关的（Gelade 和 Young，2005；Silvestro 和 Cross，2000）。顾客忠诚度是指客户在企业中的整体和累积经验的最终结果（Brunner、Stöcklin 和 Opwis，2008）。顾客满意度可以影响顾客忠诚度，因为人们倾向于理性和规避风险，所以他们可能会倾向于减少风险，并留在他们已经选择的服务提供商那里。事实上，在以前的研究中，顾客满意度被认为是服务领域忠诚度的一个前因（Belas 和 Gabcova，2016；Coelho 和 Henseler，2012；Lam，Shankar，Erramilli 和 Murthy，2004；Mittal 和 Kamakura，2001）。顾客满意度和顾客忠诚度之间也有很多类型的关系，如满意度是忠诚度的核心，满意度是忠诚度的必要组成部分，满意度是忠诚度的起点。此外，顾客满意度和顾客忠诚度之间的关系可能是非线性的。Heskett 等（2008）提出，当顾客满意度超过一定水平时，顾客的忠诚度应该得到极大的改善。总之，他主导性的主张是，满意度是实现顾客忠诚度的一个重要的必要组成部分。此外，正如他在早期提出的部分，服务质量被认为是顾客满意度的前因后果。因此，测试服务质量和顾客忠诚之间的关系，并将顾客满意度作为这一关系的中介。在这方面的研究中，大多数的研究证实了服务质量和顾客忠诚度之间存在正向关系，而顾客满意度通常是它们之间的中介（Chodzaza 和 Gombachika, 2013）。此外，在一项关于顾客忠诚度的元分析中前因结果显示，质量对忠诚度的影响随着时间的推移变得越来越强（Pan 等，2012）。

2.3.6　服务质量对游客忠诚度的影响

国外学者普遍认为，随着服务质量的提高，顾客忠诚度也会随之提高。服务质量是顾客满意度的前因（Cronin Jr. 等，2000），顾客满意度也是顾客忠诚度的前因（Gillani 和 Awan, 2014；Mithas, Krishnan 和 Fornell，2005）。此外，服务质量也与顾客忠诚度有显著的正相关，这使其成为提高顾客忠诚度的来源之一（Brady 和 Robertson，2001；Caceres 和 Paparoidamis，2007）。特别是顾客满意度被确认为部分地调解了服务质量和顾客忠诚之间的关系，这突出了顾客满意度作为实现顾客忠诚度的根本基础的作用。

Ngo Vu Minh 等（2016）对越南零售银行的服务质量、客户满意度和客户忠诚度之间的相互关系进行了研究，采用 261 名受访者的问卷数据进行实证检验，分析结果显示，服务质量和满意度是顾客忠诚度的重要前因，而顾客满意度是服务质量对顾客忠诚度影响的中介。这些发现均表明，三个构件之间存在着非线性关系，并强调需要将顾客忠诚度管理作为一个过程，其中包括许多相互影响的因素。

邹蔚菲（2020）以广州增城为例，根据 SOR 理论，构建出了乡村旅游公共服务质量、目的地形象和游客忠诚度的关系，验证了游客对乡村旅游服务质量的感知通过目的地形象来影响游客的忠诚度。黄俊涛（2019）从有形设施、文化氛围、服务环境和旅游演艺观赏性四个维度构成旅游演艺服务质量，探索了旅游演艺服务质量对游客忠诚度的影响路径。李春萍（2018）基于 SERVQUAL 服务质量测量模型探索共享经济服务质量与游客情绪体验和忠诚度的影响关系。以上正向关系均会使客户的忠诚度受到许多对象的影响。提高企业消费者客户的感知服务质量可以刺激潜在的消费行为增加业务量。相反，服务质量越低，客户忠诚度就越低。

2.3.7 文献述评

以往学者对森林康养、旅游服务质量和游客忠诚度等做了大量的研究。森林康养的研究主要表现在森林康养的概念和内涵、产品类型、森林康养功效、森林康养基地建设、开发潜力评价、建设模式、森林康养旅游行为意向等，从需求侧—游客角度对森林康养旅游的研究还较为缺乏。针对目前我国森林康养旅游建设中出现的问题，服务质量的全面提升是实践所需。因此，本书从游客视角出发，全面考量森林康养旅游基地的服务质量，探讨其对服务质量对游客忠诚度的影响，进而提出有针对性的措施以提升森林康养旅游服务质量。

第 3 章　模型构建与研究假设

3.1　模型构建

基于以上关于服务质量、顾客满意度和顾客忠诚度的文献研究，服务质量影响顾客满意度，进而影响顾客的忠诚意愿和推荐行为。森林康养旅游服务质量的研究还较为缺乏，而其服务质量的提升对于森林康养基地建设、提高服务水平、满足游客的品质旅游需求具有重要的现实意义。因此，本书以服务质量 SERVQUAL 模型的五个方面，即有形性、可靠性、响应性、保证性和移情性，来测量森林康养旅游服务质量，并结合游客满意度和游客忠诚度理论模型，构建本书的框架模型，具体见图 3-1。

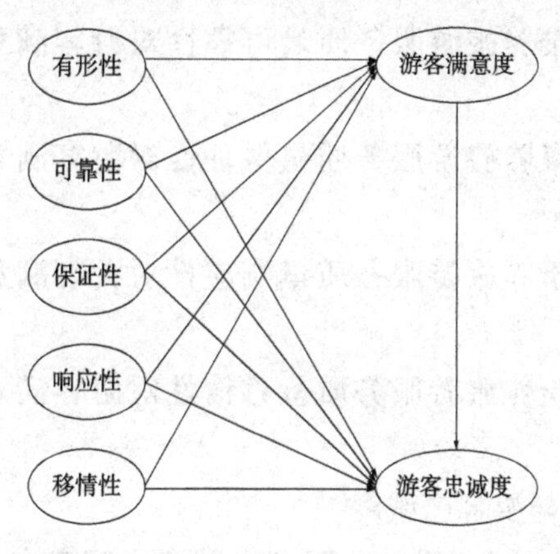

图 3-1　理论模型

3.2 变量定义与研究假设

3.2.1 服务质量与游客满意度、游客忠诚度

服务质量 SERVQUAL 模型包括五个方面，即有形性、可靠性、响应性、保证性和移情性。

（1）旅游服务质量与游客满意度

学者们通过大量研究发现旅游服务质量和游客满意度之间存在着紧密联系，而旅游服务质量是影响游客满意度的重要因素。

王永贵（2002）运用偏最小二乘法，构造服务质量、顾客满意与顾客价值的模型框架，结果表明，服务质量对顾客价值和顾客满意有显著影响，顾客价值在服务质量与顾客满意之间具有调节作用。夏宇（2019）从服务质量模型的有形性、可靠性、保证性、响应性、移情性五个方面构建服务质量对顾客满意和顾客忠诚的框架模型，结果表明，服务质量的五个方面对顾客价值、顾客满意和顾客忠诚均有显著的影响。张菊香（2022）从生鲜电商冷链物流服务质量的有形性、可靠性、响应性、安全性、灵活性和经济性六个方面考量对顾客满意度的影响，结果表明，除安全性和灵活性外，其他四个特性对顾客满意度均有显著正向影响。

基于上述文献分析，本书提出以下假设。

H1-1：森林康养旅游服务质量有形性对游客满意度具有显著正向影响。

H1-2：森林康养旅游服务质量可靠性对游客满意度具有显著正向影响。

H1-3：森林康养旅游服务质量保证性对游客满意度具有显著正向影响。

H1-4：森林康养旅游服务质量响应性对游客满意度具有显著正向影响。

H1-5：森林康养旅游服务质量移情性对游客满意度具有显著正向影响。

（2）服务质量与游客忠诚度

大量研究发现，服务质量与顾客忠诚度之间存在着紧密联系，而旅

游服务质量是影响游客忠诚度的重要因素。王洪涛等（2022）采用实证研究方式对跨境电子商务服务质量对顾客忠诚度的影响进行测量，结果表明，跨境电子商务服务质量的四个维度（有形性、保证性、响应性和移情性）都可以影响顾客忠诚度，并且顾客信任在跨境电子商务服务质量的五个维度中对顾客忠诚起到部分中介作用。杜金声等（2021）采用SERVOUQUAL模型和物流服务质量LSQ评价模型作为划分物流服务质量维度的依据，通过实证分析构建了物流服务质量与顾客忠诚关系模型，并针对提高顾客忠诚度提出了一些行之有效的方案，以期为相关理论研究提供参考。

邹蔚菲（2020）构建了乡村旅游公共服务质量对游客忠诚度的影响模型，结果表明，乡村旅游服务质量通过旅游目的地形象对游客忠诚度产生正向影响，旅游目的地形象起到完全中介作用。文彬（2020）采用服务质量量表（SERVQUAL）测量旅行社服务质量、游客满意度和游客忠诚度之间的关系，结果表明，网上购买、安全性、可靠性、导游和服务态度是影响服务质量和游客忠诚度的重要因素。黄爱云（2021）探索印度尼西亚西爪哇温泉旅游服务质量对游客满意度和忠诚度的影响。杨杨（2012）构建了乡村徒步旅游服务质量对游客忠诚度的影响模型，其中服务质量包括有形性、可靠性、响应性、保证性和移情性五个方面，研究结果显示，乡村旅游服务质量对游客满意度具有显著正向影响，游客满意度对游客忠诚度具有显著正向影响。

森林康养旅游服务质量也包括有形性、可靠性、保证性、响应性、移情性等多维因素，这些因素涉及森林康养旅游基础设施建设、森林文化景观、康养文化、解说系统、服务人员和服务水平、服务态度、个性化服务等方面，这些因素对提高游客满意度，促使游客能够重复到该目的地旅游或推荐给亲戚朋友具有重要的意义。良好的森林康养设施（运动步道、养生会馆、森林康养解说系统、瑜伽馆等）可以满足游客的基本设施需求，开展运动、养生、美容、康体等基本康养活动，同时包括为特殊游客群体（如老、弱、病、残）提供专用通道和设施，这些设施虽然不常使用，但是会提高游客对该目的地整体的基础设施的认知水平和认同情感；拥有丰富森林康养知识的专业人员、较高的旅游服务水平和良好的服务态度以及能够及时快速地满足游客的个性化服务需求，这些可能会增强游客对森林康养旅游目的地的情感认知，心理上会产生满足感和受尊重感，进而可能未来某个时间再来该目的地探访或推荐给亲朋好友。

基于以上分析，本书提出以下假设。

H2-1：森林康养旅游服务质量有形性对游客忠诚度具有显著正向影响。

H2-2：森林康养旅游服务质量可靠性对游客忠诚度具有显著正向影响。

H2-3：森林康养旅游服务质量保证性对游客忠诚度具有显著正向影响。

H2-4：森林康养旅游服务质量响应性对游客忠诚度具有显著正向影响。

H2-5：森林康养旅游服务质量移情性对游客忠诚度具有显著正向影响。

3.2.2 游客满意度与游客忠诚度

客户忠诚度被描述为一种强烈的持续承诺，即在未来持续回购或光顾所喜爱的产品或服务，从而形成重复的同类产品/品牌购买。客户忠诚度被解释为客户的良好态度和再购买行为的结合（Kim 等，2004）。客户忠诚度被认为是商业公司成功的主要因素。客户忠诚度的重要性与企业的持续生存和未来发展的影响密切相关（Kim 等，2004）。

一些研究已经证实了顾客满意度和顾客忠诚度之间的关系。顾客满意度是顾客忠诚度的先决条件。顾客满意度是指向顾客忠诚度的一个重要变量（Minta，2018）。之前的研究宣称，顾客满意度对顾客忠诚度有积极影响（Anwar 等，2019；Santouridis Trivellas，2010）。

在旅游领域，通常情况下，游客的忠诚度定义为他们的重游意向和他们的推荐意向，当他们对他们的满意程度达到一定程度后，他们就会想要再来一次或者向他们提供建议，这就是他们在行为上的表现。游客对旅游产品或服务的感知达到了或超过其预期期望值，游客才会形成该产品或服务的良好认知，才可能会愿意重来目的地或向其他亲朋好友推荐。游客满意度是达到游客忠诚度非常重要的一个方面。何琼峰对入境游客的感知展开调查，研究结果表明，在对顾客的忠诚度的影响方面，仅有顾客的满意程度对它起到了正面的效果，其他方面却必须透过顾客的满意程度才能发挥作用。顾雅青、崔凤军（2022）在传统 ACSI 模型基础上引入了认知变量，对游客认知进行测度并构建了认知—感知—忠诚度模型，探索了世界文化遗产认知对游客满意度和忠诚度的影响，结果表明，世界文化遗产对游客满意度和忠诚度均直接产生正向影响，游客满意度影响游客忠诚度。范玉强等（2022）探究了游客在旅游中形成的怀旧情感对游客忠诚度的影响，结果表明，游客满意度对游客忠诚度的影响最为显著，并显著影响地方依恋。周学军等（2021）构建了旅游目的地形象对游客忠诚度的框架模型，结果表明，认知形象、情感形象对游客满意度和游客忠诚度具有显著影响，游客满意在认知形象、情感形象和游客忠诚之间起到了中介作用。

森林康养旅游是近年来新兴的旅游业态，其产品属性和其他旅游产品基本一致。森林康养旅游产品或服务若能达到或超过游客的预期，满足或超过游客的旅游需求，那么游客可能会愿意重来该目的地或推荐给其他家人或朋友。

因此，我们提出第三组假设。

H3：森林康养游客满意度能够正向影响森林康养游客忠诚度。

3.2.3　游客满意度的中介效应假设

许琦（2013）构建了农村观光旅游服务质量、游客满意度和忠诚度的框架模型，结果表明，农村观光旅游服务质量对游客满意度和游客忠诚度均有显著的正向影响，且服务质量通过满意度间接影响游客忠诚度。

根据上述三组假设，本书认为游客满意度在此影响链条中起到中介效应，即森林康养旅游服务质量能够提高游客满意度，进而影响游客忠诚度。具体来看，游客满意度可能会在本书细分的森林康养旅游服务质量各个维度对游客忠诚度的影响中产生中介效应。

因此，本书提出第四组假设。

H4-1：森林康养旅游服务质量有形性通过顾客满意度间接作用于顾客忠诚度。

H4-2：森林康养旅游服务质量可靠性通过顾客满意度间接作用于顾

客忠诚度。

H4-3：森林康养旅游服务质量保证性通过顾客满意度间接作用于顾客忠诚度。

H4-4：森林康养旅游服务质量响应性通过顾客满意度间接作用于顾客忠诚度。

H4-5：森林康养旅游服务质量移情性通过顾客满意度间接作用于顾客忠诚度。

最后，对本书的所有假设汇总如表 3-1 所示。

表3-1　本书假设汇总

假设	假设具体描述
H1-1	森林康养旅游服务质量有形性对游客满意度具有显著正向影响
H1-2	森林康养旅游服务质量可靠性对游客满意度具有显著正向影响
H1-3	森林康养旅游服务质量保证性对游客满意度具有显著正向影响
H1-4	森林康养旅游服务质量响应性对游客满意度具有显著正向影响
H1-5	森林康养旅游服务质量移情性对游客满意度具有显著正向影响
H2-1	森林康养旅游服务质量有形性对游客忠诚度具有显著正向影响
H2-2	森林康养旅游服务质量可靠性对游客忠诚度具有显著正向影响
H2-3	森林康养旅游服务质量保证性对游客忠诚度具有显著正向影响
H2-4	森林康养旅游服务质量响应性对游客忠诚度具有显著正向影响
H2-5	森林康养旅游服务质量移情性对游客忠诚度具有显著正向影响
H3	森林康养游客满意度能够正向影响森林康养游客忠诚度
H4-1	森林康养旅游服务质量有形性通过顾客满意度间接作用于顾客忠诚度
H4-2	森林康养旅游服务质量可靠性通过顾客满意度间接作用于顾客忠诚度
H4-3	森林康养旅游服务质量保证性通过顾客满意度间接作用于顾客忠诚度
H4-4	森林康养旅游服务质量响应性通过顾客满意度间接作用于顾客忠诚度
H4-5	森林康养旅游服务质量移情性通过顾客满意度间接作用于顾客忠诚度

第 4 章　问卷设计与数据收集

前文对森林康养、服务质量、游客满意度和游客忠诚度进行了详细的文献综述，并构建了本书的框架模型和假设。本书的量表参考已有研究者的量表，并根据森林康养旅游服务质量的实际情况进行相应修改，前期经过小规模访谈和问卷前测，对有问题的题项进行修改，最终确定本书的正式问卷。最后，采取科学的抽样方法，对鄂东大别山地区的森林康养旅游服务质量问题进行实证研究。

4.1　变量的测量

本书涉及的变量包括服务质量的有形性、可靠性、保证性、响应性和移情性以及游客满意度和游客忠诚度。

4.1.1　服务质量五个维度

本书结合森林康养旅游自身的特点，采用 SERVPERF 模型测量森林康养旅游的服务质量。同时，对 PZB 、曹红春、匡志建等学者所编制的旅游服务质量量表进行了总结和整理，得出森林康养旅游服务质量量表，具体见表 4–1。

表4-1 森林康养旅游服务质量

维度	指标
有形性	Q1 森林康养服务设施完善，设计美观
	Q2 服务人员穿戴整齐、仪表得体
	Q3 森林文化景观保存和维护状态完好
	Q4 森林康养文化展现方式新颖（如展览、电视解说），森林康养解说系统完善
可靠性	Q5 景区环境整洁卫生
	Q6 服务设施齐全，安全可靠
	Q7 景区对外宣传与景区实际较为一致
	Q8 服务人员能及时完成对游客承诺的服务
保证性	Q9 员工是值得信赖的
	Q10 在从事交易时顾客会感到放心
	Q11 员工是有礼貌的
	Q12 员工可以从公司得到适当的支持，以提供更好的服务
响应性	Q13 工作人员随时乐意帮助游客
	Q14 工作人员及时处理游客投诉
	Q15 工作人员准确回答游客咨询问题
	Q16 购票、游览过程中等候时间短暂
移情性	Q17 工作人员能为游客提供个性化服务
	Q18 景区工作人员主动提供帮助
	Q19 景区为特殊游客群体（如老、弱、病、残）提供专用通道和设施
	Q20 游客能感受到景区的关怀
	Q21 景区开放时间符合所有游客的需求
	Q22 游客认为景区能满足自己的森林康养需求

4.1.2 游客满意度

根据粟路军、汪侠等学者的观点，总结出本书的森林康养旅游游客满意度量表，总共包括三个题项，分别从整体满意度、与预期的比较、与理想水平的比较来衡量，具体见表 4-2。

表4-2　森林康养旅游游客满意度

变量	指标
游客满意度	S1 总体而言，您对本次森林康养旅游的满意程度
	S2 实际感受与期望相比，您的满意程度
	S3 实际感受与理想水平相比，您的满意程度
	S4 对于森林康养旅游服务质量，总体是满意的

4.1.3　游客忠诚度

游客的忠诚度是衡量旅游景区成功与否的关键，最为直接的表现就是游客的复游率，有了一次完整的游览经历之后，游客是否还会考虑再一次前往该景点参观。通过梳理相关文献可知，仅用复游率一个指标来衡量游客忠诚度不具有科学性，因此本文对忠诚度的测量主要参考杨杨学者的观点，从行为和态度两个方面来进行，具体见表 4-3。

表4-3　森林康养旅游游客忠诚度

变量	指标
游客忠诚度	L1 您将来还会再次游览森林康养旅游景区
	L2 您会向他人介绍森林康养旅游的正面信息
	L3 您愿意将来在该景区消费
	L4 您会向亲朋好友推荐森林康养旅游景区

4.2　问卷设计

问卷设计的整个过程必须受科学的逻辑程序指引，因此通过对文献的梳理，发现相关研究的理论成果和量表都比较成熟，这对本书的研究奠定了良好的基础，再结合当前森林康养旅游景区发展的实际情况设计出具体的问题指标，保证问卷数据的信度和效度，从而得出可靠的结果。关于本书的调查问卷，可以分为以下四个部分：第一部分是森林康养旅游景区服务质量量表，主要参考已有文献中的量表，从五个维度展开；

第二部分是游客对旅游景区满意程度的调查，采用三个问题指标进行测量；第三部分是游客对景区忠诚度的调查，同样采用三个问题指标进行测量；第四部分是游客基本个人信息，包括性别、年龄、学历等方面。其中，前三个量表均采用比较科学、合理的评分法，即李克特的五点评分法，测量尺度为非常不满意、不满意、一般、满意、非常满意，分别对应的分数为 1 分、2 分、3 分、4 分、5 分，得分越高，则表示受访者对此项目的认同程度越高。

4.3 小规模访谈

为了发现问卷中不必要的问题、表述问题以及可能遗漏的重要问题，本书采取了小规模访谈，共发放 10 份初始问卷测试。发放对象包括去过黄冈大别山地区天堂寨和龟峰山的游客，包括 5 名事业单位员工、3 名政府部门工作人员、2 名本科生。详细告诉被访者本书的目的、内容、框架模型等，请被访者根据自己的经历或经验提出修改、删除或增加题项的建议。被访者被邀请认真研读问卷，如若发现有不必要的问题、存在歧义或表述有问题的，可以及时提出相关修改建议。在此访谈的基础上，对问卷重新进行了完善。修正后的 7 个变量 31 个测量题项，具体见表 4-4。

表4-4　访谈修正后的变量测量题项汇总

维度	指标
有形性	Q1 森林康养服务设施完善，设计美观
	Q2 服务人员穿戴整齐、仪表得体
	Q3 森林文化景观保存和维护状态完好
	Q4 森林康养文化展现方式新颖（如展览、电视解说）
	Q5 森林康养解说系统完善
可靠性	Q6 景区环境整洁卫生
	Q7 服务设施齐全，安全可靠
	Q8 景区对外宣传与景区实际较为一致
	Q9 服务人员能及时完成对游客承诺的服务

续表

维度	指标
保证性	Q10 员工是值得信赖的
	Q11 在从事交易时顾客会感到放心
	Q12 员工是有礼貌的
	Q13 员工可以从公司得到适当的支持，以提供更好的服务
响应性	Q14 工作人员随时乐意帮助游客
	Q15 工作人员及时处理游客投诉
	Q16 工作人员准确回答游客咨询问题
	Q17 购票、游览过程中等候时间短暂
移情性	Q18 工作人员能为游客提供个性化服务
	Q19 景区工作人员主动提供帮助
	Q20 景区为特殊游客群体（如老、弱、病、残）提供专用通道和设施
	Q21 游客能感受到景区的关怀
	Q22 景区开放时间符合所有游客的需求
	Q23 游客认为景区能满足自己的森林康养需求
游客满意度	S1 总体而言，您对本次森林康养旅游的满意程度
	S2 实际感受与期望相比，您的满意程度
	S3 实际感受与理想水平相比，您的满意程度
	S4 对于森林康养旅游服务质量，总体是满意的
游客忠诚度	L1 您将来还会再次游览森林康养旅游景区
	L2 您会向他人介绍森林康养旅游的正面信息
	L3 您愿意将来在该景区消费
	L4 您会向亲朋好友推荐森林康养旅游景区

4.4 问卷前测

4.4.1 前测的方法与标准

在形成正式问卷前，需要通过前测（Pretest），对相关变量测量的有效性进行分析，从而对问卷题项进行净化。对测量项目的评估，主要用效度（Validity）和信度（Reliability）两个指标（李怀祖，2004）。

信度是指测量结果的稳定性，它代表对同一测量对象反复测量结果的接近程度。信度可以分为重测信度（Test-retest Reliability）、复本信度（Alternate-form Reliability）和内部一致性信度（Internal Consistency Reliability）。重测信度和复本信度主要考虑了测量在不同时间的一致性（稳定性）和不同对象的一致性（等值性）。内部一致性考虑的是测量问项之间的关系。本书测量问项采取李克特（Likert）五级量表，而克朗巴哈（Cronbach）α 系数适合定距尺度的测量量表的信度分析。所以本书通过克朗巴哈 α 值来评估信度。关于克朗巴哈 α 系数的测量标准，多数学者认为应该大于 0.7，在 0.9 以上则表示量表的信度甚佳，也有学者认为大于 0.6 即可接受，越接近 1，信度就越高。

效度是指测量结果与试图达到的目标的接近程度。效度的指标主要有内容效度和结构效度两种。

内容效度是指每个测量项目（问卷问项）在多大程度上覆盖研究目的的要求达到的各个方面和领域，是主观评价指标，通常可以通过文献分析和访谈的方法进行评估。本书在确定每个测量问项时，是在文献回顾的基础上提出的，并通过小规模访谈进行了修正。所以，本书问卷具有较高的内容效度。

结构效度是指问卷的测量问项能够反映所测量的理论概念的程度，主要涉及两个指标：收敛效度（Convergent Validity）和区分效度（Discriminant Validity）。收敛效度是指某研究变量的不同测量题项的一致性；区分效度是指不同变量测量的差异程度。

对于结构效度的评估，本书采用探索性因子分析方法。首先检验各变量之间的相关性，已确定是否适合做因子分析。主要通过 KMO 样本检验方法。KMO 的值不应低于 0.5，越接近 1，就越适合做因子分析。

变量符合以上条件后，通过主成分分析，经 Varimax 旋转，提取特征值大于 1 的因子，进行因子分析。对题项的结构效度的评价遵循四个原则：①当一个测量题项自成一个因子时，则删除；②测量题项所属因子载荷必须大于 0.5，说明具有较好的收敛效度；③每个测量题项在其所属的因子的载荷越接近 1 越好，而其他因子的载荷越接近 0 越好，说明具有较好的区分效度；④测量项目在两个因子的载荷均大于 0.5 时，则具有横框因子现象，对其删除。

4.4.2　前测数据收集

前测数据的收集，本书采取实地问卷发放的形式。赴罗田天堂寨景区向游客发放 100 份问卷，最终收回有效问卷 89 份。

对于测量题项的效度和信度的评价，本书首先通过探索性因子分析进行效度评价，净化测量题目；其次通过剩余测量项目的克朗巴哈 α 值，评估数据的信度。

4.4.3　前测结果

本书对预调研的 7 个变量 31 个题项的结构效度和信度进行分析。

（1）结构效度

本书将 31 个题项分为服务质量有形性、可靠性、保证性、响应性、移情性、游客满意度和游客忠诚度 7 部分进行探索性因子分析。两组变量的 *KMO* 值分别为 0.749 和 0.858，且巴特利特球形检验均显著，表明样本适合做因子分析（表 4–5~ 表 4–8）。

表4–5　总方差解释（服务质量五维度）

成分	初始特征值			提取载荷平方和			旋转载荷平方和		
	总计	方差百分比	累积 /%	总计	方差百分比	累积 /%	总计	方差百分比	累积 /%
1	5.709	27.185	27.185	5.709	27.185	27.185	2.953	14.061	14.061
2	3.093	14.726	41.911	3.093	14.726	41.911	2.912	13.866	27.926
3	2.184	10.401	52.312	2.184	10.401	52.312	2.783	13.252	41.178
4	1.615	7.690	60.002	1.615	7.690	60.002	2.761	13.148	54.326
5	1.248	5.943	65.945	1.248	5.943	65.945	2.440	11.618	65.945
6	0.991	4.718	70.663						
7	0.834	3.972	74.635						
8	0.716	3.410	78.045						
9	0.660	3.142	81.187						
10	0.576	2.741	83.928						

续表

成分	初始特征值			提取载荷平方和			旋转载荷平方和		
	总计	方差百分比	累积 /%	总计	方差百分比	累积 /%	总计	方差百分比	累积 /%
11	0.542	2.581	86.509						
12	0.461	2.193	88.701						
13	0.414	1.973	90.674						
14	0.397	1.888	92.562						
15	0.356	1.694	94.257						
16	0.281	1.337	95.594						
17	0.237	1.130	96.724						
18	0.216	1.027	97.751						
19	0.186	0.887	98.638						
20	0.150	0.714	99.352						
21	0.136	0.648	100.000						
提取方法：主成分分析法									

表4-6　旋转后的成分矩阵（服务质量五维度）

题项	成分				
	1	2	3	4	5
Q1			0.837		
Q2			0.836		
Q3			0.833		
Q4			0.459		
Q5			0.420		
Q6					0.781
Q7					0.641
Q8					0.644
Q9					0.737
Q10		0.817			
Q11		0.780			

续表

题项	成分				
	1	2	3	4	5
Q12		0.753			
Q13		0.706			
Q14	0.800				
Q15	0.823				
Q16	0.844				
Q17	0.826				
Q18				0.695	
Q19				0.645	
Q20				0.795	
Q21				0.475	
Q22				0.723	
Q23				0.409	

提取方法：主成分分析法
旋转方法：凯撒正态化最大方差法
a. 旋转在 7 次迭代后已收敛

表4-7　总方差解释（游客满意度和游客忠诚度）

成分	初始特征值			提取载荷平方和			旋转载荷平方和		
	总计	方差百分比	累积 /%	总计	方差百分比	累积 /%	总计	方差百分比	累积 /%
1	3.650	60.841	60.841	3.650	60.841	60.841	2.925	48.746	48.746
2	0.667	11.109	71.950	0.667	11.109	71.950	1.392	23.204	71.950
3	0.582	9.701	81.651						
4	0.478	7.968	89.620						
5	0.367	6.120	95.740						
6	0.256	4.260	100.000						

提取方法：主成分分析法

表4-8 旋转后的成分矩阵（游客满意度和游客忠诚度）

题项	成分	
	1	2
S1	0.643	
S2	0.757	
S3	0.805	
S4	0.390	
L1		0.686
L2		0.827
L3		0.419
L4		0.705
提取方法：主成分分析法 旋转方法：凯撒正态化最大方差法 a. 旋转在 3 次迭代后已收敛		

（2）信度

通过上述结构效度分析，删除了 6 个题项，因此 7 个变量还有 25 个题项。本书对 7 个变量进行信度分析，具体结果见表 4-9。由此可以看出，7 个变量的克朗巴哈 α 值均大于 0.7，根据上述信度标准，说明 7 个变量的测量题项信度均达标。

表4-9 变量的信度分析

变量	题项数	克朗巴哈 α 值
有形性	3	0.880
可靠性	4	0.732
保证性	4	0.827
响应性	4	0.860
移情性	4	0.803
游客满意度	3	0.722
游客忠诚度	3	0.839

通过以上分析，本书本来的测量题项最终包括 25 个，且都通过了效度和信度的评估。在此基础上，确定了本书的最终调研问卷，具体见附录，作为后续数据收集的重要工具。

4.5　数据收集

本部分在上述小规模访谈和问卷预调研的基础上形成了最终的正式问卷，确定调研范围和调研对象，该量表将通过现场发放方式大规模收集研究数据，具体见表 4–10。

表4–10　调研问卷（正式）

维度	题项	实际感知服务质量				
		非常不同意	不同意	一般	同意	非常同意
有形性	服务设施完善，设计美观	1	2	3	4	5
	服务人员穿戴整齐、仪表得体	1	2	3	4	5
	森林康养文化景观保存和维护状态完好	1	2	3	4	5
可靠性	景区内环境整洁卫生	1	2	3	4	5
	服务设施齐全，安全可靠	1	2	3	4	5
	景区对外宣传与景区实际相符合	1	2	3	4	5
	服务人员能及时完成对游客承诺的服务	1	2	3	4	5
保证性	员工是值得信赖的	1	2	3	4	5
	在从事交易时顾客会感到放心	1	2	3	4	5
	员工是有礼貌的	1	2	3	4	5
	员工可以从公司得到适当的支持，以提供更好的服务	1	2	3	4	5
响应性	工作人员随时乐意帮助游客	1	2	3	4	5
	工作人员能及时处理游客投诉	1	2	3	4	5
	工作人员准确回答游客咨询问题	1	2	3	4	5
	购票、游览过程中等候时间短暂	1	2	3	4	5
移情性	工作人员能为游客提供个性化服务	1	2	3	4	5
	景区工作人员会主动提供帮助	1	2	3	4	5
	景区为特殊游客群体（如老、弱、病、残）提供专用通道和设施	1	2	3	4	5
	游客能感受到景区的关怀	1	2	3	4	5
	景区开放时间符合所有游客的需求	1	2	3	4	5

4.5.1 调研对象与样本容量

因本书是基于需求侧—游客视角，因此调研对象为黄冈市黄梅县百福缘森林康养基地、罗田县薄刀峰森林康养基地等 7 个国家级森林康养试点建设基地的游客。

本书将通过结构方程模型对框架模型进行验证，使用 AMOS26.0 软件。对于样本量的确定，以往很多学者给出了一些参考意见。利奥林（Loehlin，1992）使用验证性因子分析模型报告蒙特卡洛仿真的研究结果，参考文献后，得出对两到四因子模型，调查者应该收集至少 100 个样本，200 个更好。使用小样本的结果包括迭代失败（软件不能达到满意的解），不合理的解（包括测量变量的方差为负值）和降低参数估计的准确性。戈萨奇（Gorsuch，1983）认为样本量的大小，应保证测量题项与样本数的比例保持在 1 ∶ 5 以上，最好达到 1 ∶ 10。

综合以上分析，本书对于样本容量的确定同时满足三个要求：①大于 200 个；②大于测量题项的 10 倍；③大于模型估计参数的 5 倍。

4.5.2 调研方法与过程

本书的调查时间为 2021 年 5 月到 2021 年 10 月，采用实地调研的方式赴黄梅县百福缘森林康养基地、罗田县薄刀峰森林康养基地、麻城市龟峰山国家森林自然公园森林康养基地、蕲春县云丹山森林康养基地、红安县国有大斛山林场森林康养基地、英山县四季花海森林康养基地、英山县桃花溪森林康养基地 7 家试点建设基地进行发放，平均每个试点发放 80 份，共回收问卷 553 份，有效问卷 438 份，有效率为 79.2%。无效问卷的剔除遵循以下原则：①答题不完整，有些题项有遗漏；②连续 5 个题项答案完全一致。

根据上述样本容量的要求，本书共有 25 个测量题项，问卷数量是测量题项的 17.52 倍，故问卷数量符合要求。

第5章 数据分析

本章采用正式调研收集的数据，在对样本概况和数据质量分析的基础上，对研究假设进行实证分析。其内容主要包括描述性统计分析、信度分析和效度分析、验证性因子分析、路径检验分析、中介作用分析等。

5.1 数据分析方法

根据本书研究目的和研究假设检验的需要，主要有以下几种方法对样本调研的数据进行分析。

5.1.1 描述性统计分析

描述性统计分析主要用于统计调研样本的基本情况，主要包括被访者的基本信息，如性别、年龄、学历、职业、收入情况等，被访者参与森林康养旅游次数等。此外，还需要对样本数据各题项的均值进行分析和报告。

5.1.2 信度分析和效度分析

（1）信度分析

信度（Reliability）即可靠性，它是指采用同样的方法对同一对象重复测量时所得结果的一致性程度。信度指标多以相关系数表示，大致可分为三类：稳定系数（跨时间的一致性）、等值系数（跨形式的一致性）

和内在一致性系数（跨项目的一致性）。信度分析的方法主要有四种：重测信度法、复本信度法、折半信度法、Cronbach α 信度系数法。

第一，重测信度法。重测信度法是同样的调研问卷对同样的调研者在短期内进行两次市场调研，而后计算两次调研结果的相关系数。相关系数越大，则表明测量问卷题项的稳定程度越高。适用于研究者的实施式问卷，如性别、出生年月等基本事实事项在前后的两次测量中不应该有任何差异，所以重测信度法也适合在较短的时间内的态度、兴趣、爱好习惯等。例如，对测量调查者的态度、意见等情境，态度的测量时间间隔是随着时间的变化较难测量，因此限于成本、时间等因素，重测信度法很少被采用。

第二，复本信度法。复本信度法是选择同样的研究者在一定的时间内做两份相同的问卷，计算两个测量问卷的相关系数，系数应该是等值的，偏离度越高，信度就越低。复本信度法的两份调研问卷在内容、格式、难度及题项的提问方式上都要求基本一致。与重测信度法相比，复本信度法不受调研时间的限制。总体而言，复本信度要求较高、使用较难，所以本书中不采用复本信度法。

第三，折半信度法。折半信度法与复本信度法基本类似。折半信度法也是在同一时间段内对问卷进行调研，考虑好两半问题的内容性质、难易度等，使两半的问题尽可能地达到内在一致性。在使用时一般把题项的奇数题与偶数题设置成折半方法，计算问卷的相关系数，系数越高，信度就越高。

第四，Cronbach α 信度系数法。其中，信度测量最常用的方法是 Cronbach α 信度系数法。Cronbachα 信度系数为 0 到 1，系数越大则代表信度越好。如果系数在 0.9 以上，则表示信度非常好；如果信度为 0.8~0.9，则表示信度很好；如果信度为 0.7~0.8，则表示信度比较好；如果系数低于 0.7 以下，则表示量表题项有些问题需要进行检验（吴明隆，2010）。

最常用的方法为 α 信度系数法，信度系数越高表示测量结果的稳定性和可靠性越好，本书采用最常用的 α 信度系数法来检验信度。其公式为：

$$\alpha=[k/(k-1)]*[1-(\sum Si^2)/ST^2] \quad (5-1)$$

式中，K 为量表中题项的总数；Si^2 为第 i 题得分的题内方差；ST^2 为全部题项总得分的方差。从公式中可以看出，α 系数评价的是量表中各题项得分间的一致性，属于内在一致性系数。这种方法适用于态度、意见式问卷（量表）的信度分析。

总量表的信度系数最好在 0.8 以上，0.7~0.8 可以接受；分量表的信度系数最好在 0.7 以上，0.6~0.7 还可以接受。如果 Cronbach’s alpha 系数在 0.6 以下，就要考虑重新编问卷。由此，本书以 0.7 和 0.6 分别作为检验总量表和分量表信度水平的最低标准。

（2）效度分析

效度即有效性，是指测量工具或手段能够准确测出所需测量的事物的程度。如果测量结果越接近真实值，则说明效度越高。效度分析主要包括内容效度（Content Validity）、校标关联效度（Criterion-related Validity）和结构效度（Construct Validity）三种，本书的测量工具是在借鉴国内外学者比较成熟的量表的基础上，经过了专家讨论、消费者测评及预测试等多个环节的修正和调整，确保了内容效度，因此在定量分析阶段将主要进行结构效度分析。目前最为广泛使用的一种结构效度检验方法是因子分析（Factor Analysis），因子分析方法又分为探索性因子分析（Exploratory Factor Analysis，EFA）和验证性因子分析（Confirmatory Factor Analysis，CFA）。本书在对大样本的数据分析中，将采用这两种方法分别探索和验证各变量的因子结构。

第一，探索性因子分析。探索性因子分析法是一种在没有先验信息的情况下，通过降维技术找出影响观测变量的公因子个数，其主要目的是将具有错综复杂关系的变量精简成为少数几个核心因子，从而探索多元复杂变量的内在本质结构。本书在第 4 章对小样本数据进行探索性因子分析从而精简题项的基础上，对大样本的数据继续进行探索性因子分析，以分析和提高测量表的效度。

在因子分析之前，首先需要进行 *KMO* 和巴特利特球形检验来考察变量之间的相关性，从而判断是否适合进行因子分析。*KMO* 统计量越接近 1，则说明变量之间的偏相关度越强，因子分析的效果越好。一般认为 *KMO* 值等于或超过 0.6，便适合做因子分析（Tabahnlck 和 Fiden，1989），本书以 0.6 作为 *KMO* 参考标准值，而对于巴特利特球形检验，则要求显著性水平 Sig. 值应小于 0.05。

为了保证题项的区分度，本书对正式调研的数据按照以下三个原则删除题项：一是删除在所有公共因子上的载荷均小于 0.5 的题项；二是删除在两个或两个以上公共因子上的载荷均超过 0.5 的题项；三是删除在两个或两个以上公共因子上载荷差异过小的题项（Hatcher，1994）。在删除题项时采取逐个删除的方式，每删除一个题项后都要重新进行一次因子提取，如此反复进行，直至获得清晰、稳定的因子结构。在保留和删除题项时，尽量保证各个公共因子所包含的题项数量均衡，每个因子中至少选取因子载荷较大的 3~5 个题项。根据以上标准，本书采用主成分分析法提取公共因子，选取 Kaiser 特征值大于 1 作为因子选择的标准，并采用最大方差法垂直旋转。

因子分析的一个主要目的就是通过找出公共因子来简化因子结构，而累积方差贡献率是反映所有公共因子对原有变量的解释程度的重要指标，因此提取的公共因子的累积方差贡献率越大越好，一般要求高于 50% 的标准。

第二，验证性因子分析。探索性因子分析适合用于探索关系不明确的变量结构，而验证性因子分析则适合用于为假设模型提供有意义的检验和拟合指标（Church 和 Burke，1994）。它强调理论的先验性，并在此基础上假设因子结构，然后通过检验因子结构与实际数据的拟合程度来判断是否与理论预期的一致。

验证性因子分析的优势就在于它允许研究者分析确认事先假设的测量变量与各因子之间关系的正确性，通过采用某一种估计方法（最常用的是极大似然法），利用样本数据对假设模型参数进行估计，再根据一般的统计参数判断模型与数据的拟合程度。验证性因子分析是结构方程模型分析的一种特殊应用，主要应用于验证量表的因子结构和因子的阶层关系、评估量表的信度和效度。

在验证性因子分析阶段，本书主要根据模型运行后的拟合指标、因子载荷和修正系数（modificationindex，MI）等指标来删除题项，优化因子结构。首先，观察模型的拟合度指标，如果指标不是非常理想，则表示还存在着进一步优化的空间，考虑通过删除题项以优化因子结构。其次，各测量题项在所测变量上的因子载荷均应大于 0.5，且达到显著水平，如果因子载荷小于 0.5，则删去该测量题项。最后，观察运行结果的修正系数，修正系数反映了没有在路径图上表示出来但实际上存在着的路径关系，如果某一题项与其他多个题项之间的修正系数均特别大，则考虑删除该题项，从最大的修正系数所对应的观测题项开始，逐条删除，每删除一个题项后重新做一次验证性因子分析，如此反复进行，直至获得清晰、稳定的因子结构。

第三，结构方程模型分析。

结构方程模型内涵

实证研究的进行，根据方法与目的不同，主要分为探索性研究（exploration research）与验证性研究（confirmatory research）两种。由于探索性因子分析（EFA）用于测量效度和信度的评价，具有一定的学术争议。EFA 的分析，对结构效度提供的是必要而非充分的信息，即 EFA 无法提供一个结构效度的理论说明。因此，学者们更倾向于采用验证性因子分析（confirmation factor analysis，CFA）来进行测量效度和信度的评估等。

结构方程模型是基于变量的协方差矩阵来分析变量之间关系的一种统计方法，是多元数据分析的重要工具。很多心理、教育、社会等概念，均难以直接准确测量，这种变量称为潜变量（latent variable），如智力、学习动机、家庭社会经济地位等。因此，只能用一些外显指标（observable indicators）间接测量这些潜变量。传统的统计方法不能有效地处理这些潜变量，而结构方程模型则能同时处理潜变量及其指标。传统的线性回归分析容许因变量存在测量误差，但是要假设自变量是没有误差的。

结构方程模型常用于验证性因子分析、高阶因子分析、路径及因果分析、多时段设计、单形模型及多组比较等 。结构方程模型常用的分析软件有 LISREL、Amos、EQS、MPlus。结构方程模型可分为测量模型和结构模型。测量模型是指标和潜变量之间的关系。结构模型是指潜变量之间的关系。

结构方程模型可以同时处理多个因变量，容许自变量和因变量含测量误差，同时估计因子结构和因子关系，容许更大弹性的测量模型，并可以估计整个模型的拟合程度。

结构方程模型包括测量方程（LV 和 MV 之间关系的方程，外部关系）

和结构方程（LV之间关系的方程，内部关系），以ACSI模型为例，具体形式如下：

$$y = \Lambda y\eta+\varepsilon,\ x = \Lambda \times \xi+\varepsilon \quad (5\text{-}2)$$

$$\eta = \boldsymbol{B}\eta+\boldsymbol{\Gamma}\xi+\xi \text{ 或 } (\boldsymbol{I}-\boldsymbol{B})\eta = \boldsymbol{\Gamma}\xi+\xi \quad (5\text{-}3)$$

式中，η 和 ξ 分别是内生LV和外生LV；y 和 x 分别是和的MV，$\boldsymbol{\Lambda x}$ 和 $\boldsymbol{\Lambda y}$ 是载荷矩阵，$\boldsymbol{B}$ 和 $\boldsymbol{\Gamma}$ 是路径系数矩阵；ε 和 ζ 是残差。

对这类模型进行参数估计，常使用偏最小二乘（Partial Least Square，PLS）和线性结构关系（L Inear Structural RELationships，LISREL）方法。

结构方程模型的测量步骤

第一步，模型设定。研究者根据先前的理论以及已有的知识，通过推论和假设形成一个关于一组变量之间相互关系（因果关系）的模型。这个模型也可以用路径表明制定变量之间的因果联系。

第二步，模型识别。模型识别时设定SEM模型时的一个基本考虑。只有建设的模型具有识别性，才能得到系统各个自由参数的唯一估计值。其中的基本规则是，模型的自由参数不能多于观察数据的方差和协方差总数。

第三步，模型估计。SEM模型的基本假设是观察变量的反差、协方差矩阵是一套参数的函数。把固定参数之和自由参数的估计代入结构方程，推导方差协方差矩阵 $\boldsymbol{\Sigma}$，使每个元素尽可能地接近于样本中观察变量的方差协方差矩阵 $\boldsymbol{S}$ 中的相应元素。也就是说，使 $\boldsymbol{\Sigma}$ 与 $\boldsymbol{S}$ 之间的差异最小化。在参数估计的数学运算方法中，最常用的是最大似然法（ML）和广义最小二乘法（GLS）。

第四步，模型评价。在已有的证据与理论范围内，考察提出的模型拟合样本数据的程度。模型的总体拟合程度的测量指标主要有 χ^2 检验、拟合优度指数（GFI）、校正的拟合优度指数（AGFI）、均方根残差（RMR）等。关于模型每个参数估计值的评价可以用 t 值。

第五步，模型修正。模型修正是为了改进初始模型的适合程度。当尝试性初始模型出现不能拟合观察数据的情况（该模型被数据拒绝）时，就需要将模型进行修正，再用同一组观察数据来进行检验。

拟合指标

在多种用以衡量模型拟合程度的指标中，没有一个可用来准确测定建模的成功与否，不存在理想的拟合指数。在进行模型检验时，应综合考虑多个不同的指标，不能仅依赖于某一个指标。在结构方程模型中，常用的衡量计算模型与数据的拟合程度指标见表 5-1。

表5-1　SEM拟合指标

指数名称	性质	拟合成功建议值	样本容量影响	模型节俭评估	经验性评价
χ^2 拟合优度检验	绝对拟合指数	>0.05	受影响很大	无法评估	（1）样本容量很小时，容易接受劣势模型；样本容量大时，容易拒绝所有拟合很好的模型； （2）多个模型比较分析时非常有用
拟合优度指数（GFI）	绝对拟合指数	>0.90	受影响	无法评估	（1）在最大似然和最小二乘法中比较稳定； （2）在 *CFA* 中，当 factor loading 和样本容量较低时，容易接受模型；参数估计值比较低时，容易接受模型
校正的拟合优度指数（AGFI）	绝对拟合指数	>0.90	受影响	可以评估	（1）可以按照模型中参数估计总数的数量对 *GFI* 进行调整； （2）估计参数相对于数据点总数越少或自由度越大，AGFI 越接近 *GFI*
近似误差的均方根（RMSEA）	绝对拟合指数	<0.05（<0.08 可接受）	受影响	可以评估	（1）基于总体差距的指数，多数学者推荐为常用拟合指数； （2）比较敏感； （3）惩罚复杂模型

续表

指数名称	性质	拟合成功建议值	样本容量影响	模型节俭评估	经验性评价
比较拟合指数（CFI）	相对拟合指数	>0.90	不易受影响	无法评估	（1）应用不同的模型估计方法时很稳定；（2）即使是对小样本模型拟合时表现也很好；（3）在嵌套模型比较时很有用
规范拟合指数（NFI）	相对拟合指数	>0.90	样本容量小时严重低估	无法评估	（1）对数据非正态和小样本容量非常敏感；（2）不能控制自由度；（3）受样本容量影响大，渐不使用
Tucker-Lewis 指数（TLI 或 NNFI）	相对拟合指数	>0.90	样本容量小时一般低估	无法评估	（1）在最大似然估计时使用有较好的稳定性，能正确面对复杂模型进行惩罚，准确区分不同的模型，多数学者推荐；（2）在应用最小二乘法估计模型时比较差；（3）可以用于比较嵌套模型；（4）缺点：估计值变化很大，有时可以超出 0~1 的范围
递增拟合指数（IFI）	相对拟合指数	>0.90	样本容量小时一般低估	无法评估	（1）在应用最小二乘法估计模型时，优于 TLI、NNFI；（2）在最大似然估计时，在小样本和偏差大的模型估计中，容易错误惩罚简约模型，奖赏复杂模型，因此逐渐不常用

续表

指数名称	性质	拟合成功建议值	样本容量影响	模型节俭评估	经验性评价
PNFI，PCFI，PGFI	节俭调整指数（parsimony adjusted measures）	越接近1越好	同时受样本容量和估计的参数比率影响	奖励简约模型	（1）属于依照简约原则调整后的指数，为原来的指数乘以省俭比率；（2）模型越简单，越不被惩罚；（3）受样本容量同以上相对应的指标，同时受到估计参数与饱和参数值的影响
AIC	信息标准指数	越小越好	不受影响	奖励简约模型	用于模型比较
CAIC（consistent akaike information criterion）	信息标准指数	越小越好	不受影响	奖励简约模型	用于模型比较
ECVI（expected cross-validation index）	信息标准指数	越小越好	受影响	奖励简约模型	（1）用于模型比较；（2）在样本较少时，支持简约模型；随着样本数的增大转而支持较复杂但解释力更强的模型

5.2　描述性统计分析

5.2.1　样本基本特征描述

本调查问卷关于游客的基本信息部分，涉及受访者的性别、年龄、政治面貌、学历、月收入、职业和每年来森林康养景区的次数等相关信息。结果发现，在340名受访者中，男女比例分别为50.9%和49.1%，性别比例较为均衡。由表5-2可以看出，本书样本的年龄结果主要集中在18~40岁，占91.2%，而56岁以上的中老年人最少，只有0.3%，41~50岁的群体比例有5.9%。样本学历主要为大专和本科学历，具体来说，初中及以下占3.5%，高中/中专/技校学历占6.2%，大专学历占15.0%，本科学历占68.8%。本书样本的月收入分布情况，3 000元以下占38.5%，3 001~5 000元和5 001~8 000元分别占20.6%、20.9%，8 001~10 000元占12.4%，10 001元以上占7.6%，这表明受访者群体月收入主要在8 000元以下。样本群体的职业主要为学生、商业企业公司职员、个体经营者和事业机关干部，具体来说，工人占5.9%，农民占2.4%，事业机关干部占9.7%，个体经营者占14.7%，商业企业公司职员占16.8%，学生占35.0%，军人/警察占0.6%，教师/科技人员占7.4%，其他占7.6%。每年来森林康养景区放松的1次的占19.1%，2~4次的占65.0%，5次及以上的占15.9%。

表5-2　基本信息描述分析

属性	类别	频率	百分比/%
性别	男	173	50.9
	女	167	49.1
年龄	18岁以下	9	2.6
	18~30岁	190	55.9
	31~40岁	120	35.3
	41~55岁	20	5.9
	56岁以上	1	0.3
学历	初中及以下	12	3.5
	高中/中专/技校	21	6.2
	大专	51	15.0
	本科	234	68.8
	硕士及以上	22	6.5

续表

属性	类别	频率	百分比 /%
月收入	3 000 元以下	131	38.5
	3 001~5 000 元	70	20.6
	5 001~8 000 元	71	20.9
	8 001~10 000 元	42	12.4
	10 001 元以上	26	7.6
职业	工人	20	5.9
	农民	8	2.4
	事业机关干部	33	9.7
	个体经营者	50	14.7
	商业企业公司职员	57	16.8
	学生	119	35.0
	军人 / 警察	2	0.6
	教师 / 科技人员	25	7.4
	其他	26	7.6
每年来森林康养景区的次数	1 次	65	19.1
	2~4 次	221	65.0
	5 次及以上	54	15.9

5.2.2 叙述性统计分析

问卷中问项的测量部分采用李克特（Likert）五级量表正向记分。对回收的问卷数据采用 SPSS23.0 软件进行分析。表 5–3 显示了本书变量问项的平均值和标准差，25 个题项均值介于 3.39~3.95，分布比较集中均衡。题项的标准差介于 0.740~1.026，总样本数据离散程度不大。

表5–3　变量问项的平均值和标准差

变量名	问项	平均值	标准差
有形性	Q1 森林康养服务设施完善，设计美观	3.66	0.900
	Q2 服务人员穿戴整齐、仪表得体	3.80	0.902
	Q3 森林文化景观保存和维护状态完好	3.95	0.727

续表

变量名	问项	平均值	标准差
可靠性	Q4 景区环境整洁卫生	3.84	0.864
	Q5 服务设施齐全，安全可靠	3.79	0.911
	Q6 景区对外宣传与景区实际较为一致	3.61	0.920
	Q7 服务人员能及时完成对游客承诺的服务	3.85	0.841
保证性	Q8 员工是值得信赖的	3.59	0.959
	Q9 在从事交易时顾客会感到放心	3.85	0.943
	Q10 员工是有礼貌的	3.67	0.943
	Q11 员工可以从公司得到适当的支持，以提供更好的服务	3.81	0.796
响应性	Q12 工作人员随时乐意帮助游客	3.85	0.860
	Q13 工作人员及时处理游客投诉	3.65	0.952
	Q14 工作人员准确回答游客咨询问题	3.77	0.960
	Q15 购票、游览过程中等候时间短暂	3.42	1.023
移情性	Q16 工作人员能为游客提供个性化服务	3.39	0.970
	Q17 景区工作人员主动提供帮助	3.51	1.026
	Q18 景区为特殊游客群体（如老、弱、病、残）提供专用通道和设施	3.75	1.016
	Q19 景区开放时间符合所有游客的需求	3.54	0.929
游客满意度	S1 总体而言，您对本次森林康养旅游的满意程度	3.79	0.761
	S2 实际感受与期望相比，您的满意程度	3.54	0.945
	S3 实际感受与理想水平相比，您的满意程度	3.59	0.876
游客忠诚度	L1 您将来还会再次游览森林康养旅游景区	3.84	0.740
	L2 您会向他人介绍森林康养旅游的正面信息	3.91	0.881
	L3 您会向亲朋好友推荐森林康养旅游景区	3.83	0.934

5.3 探索性因子分析和信度分析

以下将通过样本数据的效度和信度分析，来评估数据的质量。首先通过探索性因子分析进行结构效度的分析，然后计算各测量题项的克朗巴哈 α 值，对数据的信度进行评价。具体评价方法和指标要求参照第 4 章论述。

5.3.1 探索性因子分析

效度主要包括内容效度和结构效度。本书在文献综述的基础上，设计调查问卷，并经过小规模访谈和问卷前测进行修正，所以测量题项的内容效度能够保证。以下主要验证结构效度。首先，对森林康养服务质量有形性、可靠性、保证性、响应性、移情性、游客满意度和游客忠诚度的测量题项进行 *KMO* 和巴特利特球形检验，结果显示 *KMO* 系数为 0.895，巴特利特球形检验显著，表明样本数据适合进一步做因子分析。

对样本数据进行探索性因子分析，采用主成分分析法，森林康养服务质量的题项提取五个维度，累计解释方差 69.307%；游客满意度和游客忠诚度的题项提取两个维度，累计解释方差 71.050%。经过 Varimax 旋转后，服务质量五个因子的载荷见表 5-4，其他 2 个因子的载荷见表 5-5。从这两个表中可以看出，发现同属一个变量的测量题项，其最大载荷具有聚积性，即同一变量的测量项目在对应的变量（因子），相较于其他因子而言，具有最大载荷（超过 0.5），且不存在横跨因子现象。这说明了目前的测量量表具有一定的区分效度。

表5-4　旋转后的成分矩阵（森林康养旅游服务质量五个维度）

题项	成分				
	1	2	3	4	5
A1					0.834
A2					0.858
A3					0.844
B5				0.810	
B6				0.755	
B7				0.786	
B8				0.787	
C9		0.778			
C10		0.785			
C11		0.791			
C12		0.807			
D13	0.788				
D14	0.829				
D15	0.844				
D16	0.819				

续表

题项	成分				
	1	2	3	4	5
E17			0.785		
E18			0.774		
E19			0.804		
E21			0.786		
提取方法：主成分分析法 旋转方法：凯撒正态化最大方差法 a. 旋转在 6 次迭代后已收敛					

表5-5　旋转后的成分矩阵（游客满意度和游客忠诚度）

题项	成分	
	1	2
S1		0.776
S2		0.856
S3		0.695
L1	0.763	
L2	0.812	
L3	0.788	
提取方法：主成分分析法 旋转方法：凯撒正态化最大方差法 a. 旋转在 3 次迭代后已收敛		

5.3.2　信度分析

从数据的来源来看，由于问卷调查的对象是随机选取的，并没有进行特定的筛选，为了提高样本的质量，证明样本具有统计学意义，提高论文的可靠性和说服力，就需要对整个问卷数据进行信度检验，它能够通过量化的结果来清晰地判断问卷的设计是否具有合理性和科学性。在多种测量方法中，其中最常用的是克隆巴赫系数（Cronbach' s Alpha），Cronbach' s Alpha 值的取值意义见表 5-6。

表5-6　Cronbach's Alpha取值意义

Cronbach's Alpha 系数取值	含义
$\alpha \geqslant 0.8$	信度高
$0.7 \leqslant \alpha < 0.8$	信度较好
$0.6 \leqslant \alpha < 0.7$	信度可接受
$\alpha < 0.6$	信度较差

本书共有 7 个变量，具体结果见表 5-7，各个分量表的标准化信度系数以及整个问卷的信度系数均大于 0.7，相对来说信度较好，这说明问卷内容维度的题目不需要进行调整。

表5-7　各变量信度系数Cronbach's Alpha

变量		信度系数 Cronbach's Alpha		总信度
森林康养旅游服务质量	有形性	0.857	0.850	0.907
	可靠性		0.815	
	保证性		0.830	
	响应性		0.861	
	移情性		0.829	
游客满意度		0.788		
游客忠诚度		0.792		

5.4　验证性因子分析

验证性因子分析一个变量的题项与该变量之间的关系是否符合研究者所涉及的理论关系。验证性因子分析是用来对所建立的模型的效度和组合信度进行检验。验证性因子分析（Confirmatory Factor Analysis，CFA）通常可用于四种用途：一是针对成熟量表进行效度分析，包括结构效度、聚合效度（收敛效度）和区分效度；二是验证性因子分析可用于组合信度（CR）的分析；三是验证性因子分析还可用于进行共同方法偏差（CMV）检验；四是使用验证性因子分析进行权重计算。

本书在前文进行探索性因子分析的基础上，对所有测量变量进行验证性因子分析，验证观测变量与潜在变量之间的关系（表 5-8）。

表5-8 验证性因子分析功能

验证性因子分析功能	说明	测量
结构效度	因子与测量项对应关系是否良好	标准化的 factor loading（因子载荷）值较高，统统要求大于 0.7
聚合效度（收敛效度）	强调本应该在同一因子下的测量项，确实在同一因子下	*AVE*（平均方差萃取）一般需要大于 0.5
区分效度	强调本不应该在同一因子的测量项，确实不在同一因子下	*AVE*（平均提取方差值）的根号值和相关分析结果对比；或者使用 HTMT 值小于 0.85 这一标准
组合信度（CR）	测量信度水平	一般 *CR* 值大于 0.7 即可
共同方法偏差（CMV）	数据是否具有共同方法偏差问题	将所有的项放在一个因子里，然后进行分析，如果测量出来显示模型的拟合指标等无法达标，则说明模型拟合不佳，即说明所有的测量项并不应该属于一个因子，因而说明数据通过共同方法偏差（CMV）检验，数据无共同方法偏差问题
权重计算	利用 factor loading（因子载荷）值进行权重测量	标准化的 factor loading（因子载荷）值进行归一化，即得到权重值

5.4.1 模型拟合度

利用 AMOS24.0 对模型的内在适配度进行检验，在本模型中共有七个维度，分别为森林康养旅游服务质量的有形性、可靠性、保障性、响应性、移情性、游客满意度和游客忠诚度，共包含了 25 个测量题目，执行验证性因子分析后，得出图 5-1 和表 5-9 结果，由表 5-9 中可以看出，χ^2/df =1.386<3，*GFI*=0.925，AGFI=0.904，*NFI*=0.915，*IFI*=0.975，*TLI*=0.970，*GFI*=0.975，以上指标均大于 0.9，RMSEA=0.034，小于 0.08 以上各拟合指标的数值全部达到最优值，因此模型拟合优良。

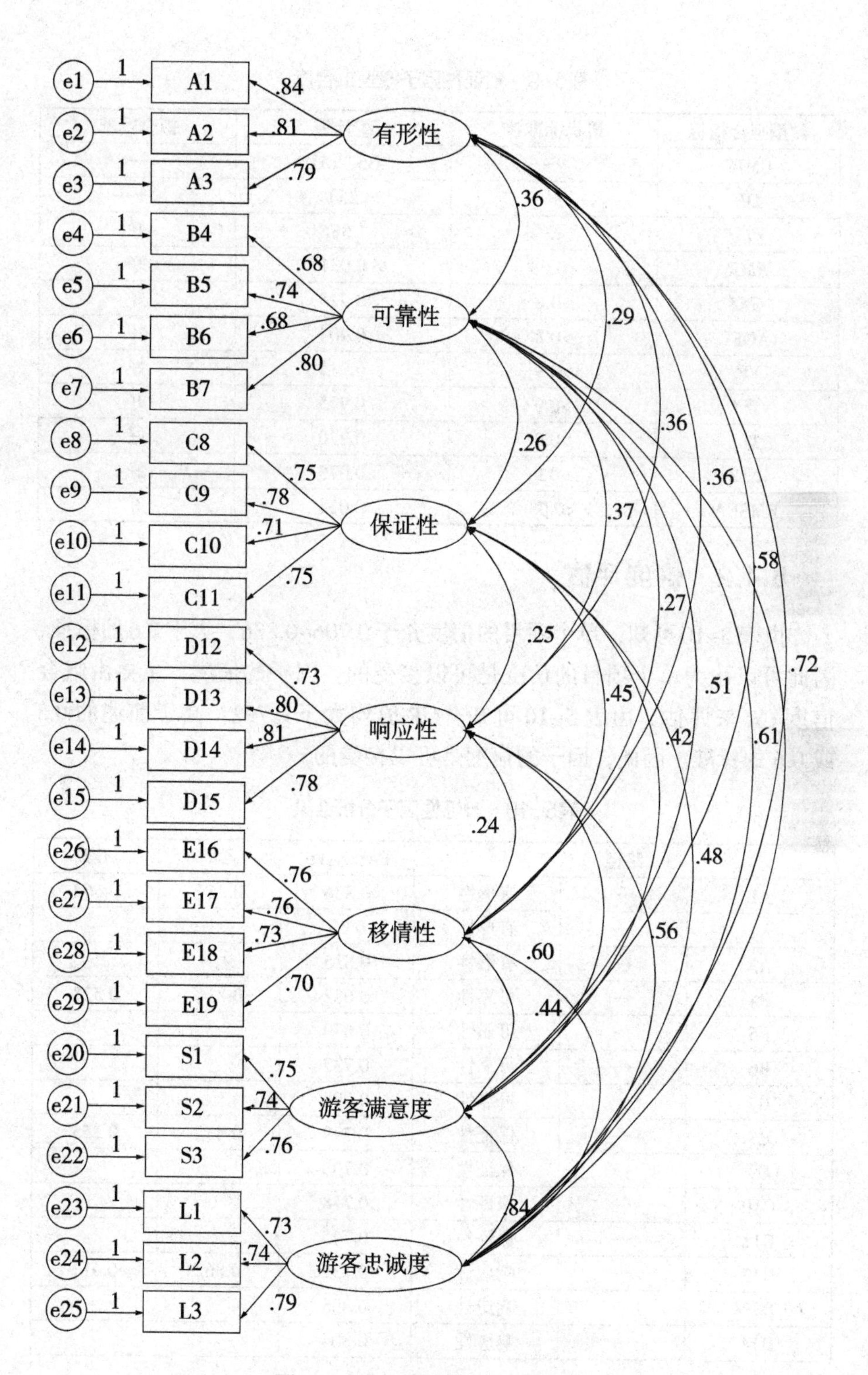

图 5-1　验证性因子分析测量模型

表5-9 验证性因子模型拟合度

模型拟合指标	最优标准值	统计值	拟合情况
CMIN	—	352.151	—
DF	—	254	—
χ^2/df	<3	1.386	好
RMR	<0.08	0.031	好
GFI	>0.8	0.925	好
AGFI	>0.8	0.904	好
NFI	>0.9	0.915	好
IFI	>0.9	0.975	好
TLI	>0.9	0.970	好
CFI	>0.9	0.975	好
RMSEA	<0.08	0.034	好

5.4.2 信度评估

由表5-10可知，单个项目的信度介于0.706~0.836，大于0.6的标准，因此可以认为单个项目的信度是可以接受的。因子的信度，主要由组合信度*CR*来评估。由表5-10可知，*CR*值均大于0.792，高于前述的0.5或0.6的标准。因此，因子的信度是可以接受的。

表5-10 验证性因子分析结果

路径			Estimate	*CR*	*AVE*
A1	←	有形性	0.836	0.855	0.662
A2	←	有形性	0.79		
A3	←	有形性	0.815		
B4	←	可靠性	0.682	0.816	0.527
B5	←	可靠性	0.679		
B6	←	可靠性	0.737		
B7	←	可靠性	0.798		
C8	←	保证性	0.749	0.833	0.555
C9	←	保证性	0.706		
C10	←	保证性	0.778		
C11	←	保证性	0.745		
D12	←	响应性	0.732	0.862	0.611
D13	←	响应性	0.806		
D14	←	响应性	0.804		

续表

路径			Estimate	*CR*	*AVE*
D15	←	响应性	0.782		
E16	←	移情性	0.765	0.829	0.548
E17	←	移情性	0.764		
E18	←	移情性	0.726		
E19	←	移情性	0.703		
S1	←	游客满意度	0.747	0.792	0.559
S2	←	游客满意度	0.736		
S3	←	游客满意度	0.76		
L1	←	游客忠诚度	0.725	0.796	0.566
L2	←	游客忠诚度	0.744		
L3	←	游客忠诚度	0.786		

5.4.3　效度评估

主要从平均方差萃取量（*AVE*）来检验区分效度和聚合效度（收敛效度）。根据 *AVE* 公式计算出来的 *AVE* 值大于 0.50 的标准，结合前述探索性因子分析的结果，表明构建的变量的测量具有良好的聚合效度（收敛效度）。

采用将平均方差萃取量（*AVE*）的平方根，与潜变量和其他潜变量之间的相关系数进行比较，如果前者远远大于后者，则说明每个潜变量与其自身的测量项目分享的方差，大于与其他测量项目分享的方差，从而说明了不同潜变量的测量项目之间具有明显的区分效度。由表 5-11 可知，*AVE* 的平方根均大于潜变量之间的相关系数，因此模型具有较好的区分效度。

表5-11　区分效度

项目	有形性	可靠性	保证性	响应性	移情性	游客满意度	游客忠诚度
有形性	0.662						
可靠性	0.143***	0.527					
保证性	0.127***	0.127***	0.555				
响应性	0.162***	0.162***	0.164***	0.611			
移情性	0.156***	0.136***	0.242***	0.134***	0.548		
游客满意度	0.229***	0.231***	0.202***	0.257***	0.218***	0.559	
游客忠诚度	0.313***	0.305***	0.259***	0.316***	0.325***	0.411***	0.566
AVE 平方根	0.814	0.726	0.745	0.782	0.740	0.748	0.752

注：*** 表示 $P < 0.001$。

5.5 结构方程模型分析

本书模型共有七个潜变量，分别为森林康养旅游服务质量有形性、可靠性、保证性、响应性、移情性、游客满意度和游客忠诚度。本书将以森林康养旅游服务质量有形性、可靠性、保证性、响应性、移情性为自变量，以游客满意度为中介变量，以游客忠诚度为因变量建立结构方程模型，具体见图 5-2。

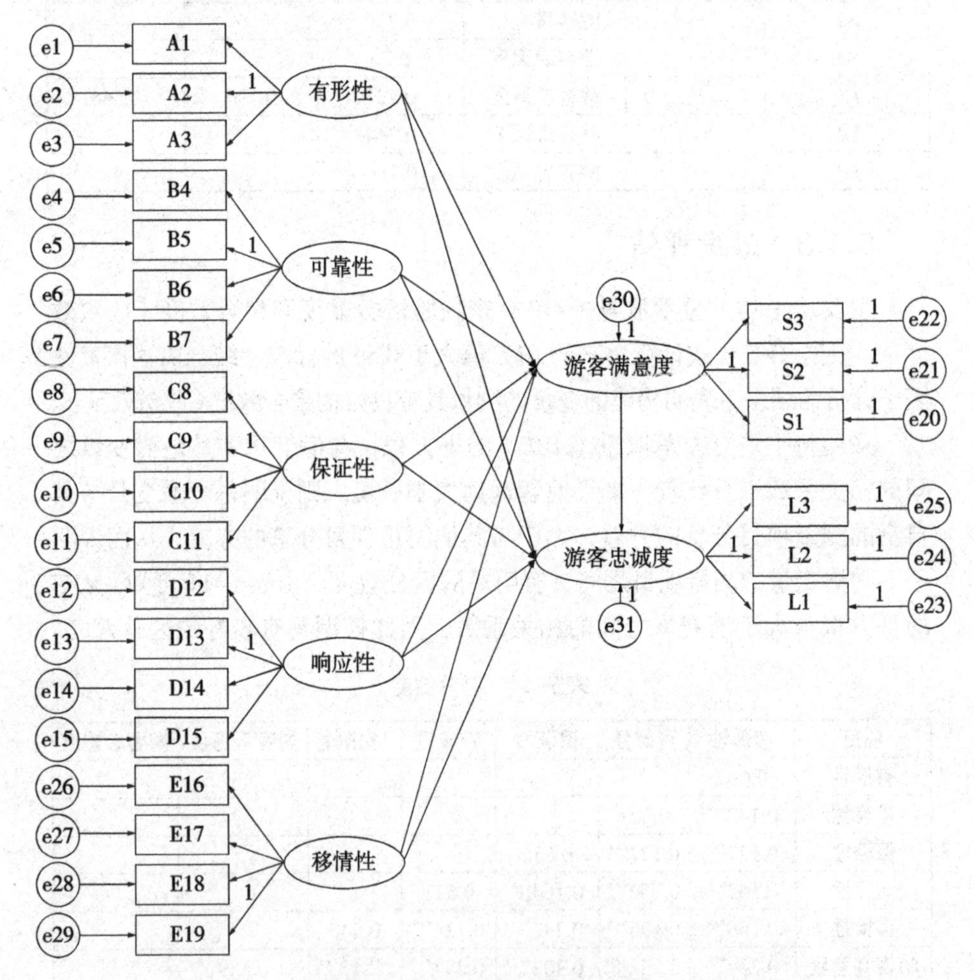

图 5-2 森林康养旅游服务质量对游客忠诚度影响结构模型

采用 Amos 26.0 软件，对整个模型进行结构方差模型估计。模型拟合结果见表 5-12，χ^2/df =1.386<3，*GFI*=0.925，AGFI=0.904，*NFI*=0.915，

IFI=0.975，*TLI*=0.970，*CFI*=0.975，以上指标均大于 0.9，RMSEA=0.034，小于 0.08 以上各拟合指标的数值全部达到最优值，因此模型拟合优良。

表5-12　模型拟合度检验结果

模型拟合指标	最优标准值	统计值	拟合情况
CMIN	—	352.151	—
DF	—	254	—
χ^2/df	<3	1.386	好
RMR	<0.08	0.031	好
GFI	>0.8	0.925	好
AGFI	>0.8	0.904	好
NFI	>0.9	0.915	好
IFI	>0.9	0.975	好
TLI	>0.9	0.970	好
CFI	>0.9	0.975	好
RMSEA	<0.08	0.034	好

结构方差模型的各路径系数及其显著性检验见表 5-13。从表 5-13 可以看出，保证性→游客满意度和保证性→游客忠诚度两个路径的 *P* 值分别为 0.056 和 0.032，均大于 0.05，因此没有通过显著性检验，其他路径均显著。因此，保证性对游客满意度和游客忠诚度没有显著的正向影响，其他假设均成立，具体见表 5-13。

表5-13　路径系数

路径			标准化系数	非标准化系数	*SE*	*CR*	*P*	假设
游客满意度	←	有形性	0.316	0.356	0.073	4.854	***	成立
游客满意度	←	可靠性	0.253	0.248	0.060	4.135	***	成立
游客满意度	←	保证性	0.121	0.110	0.057	1.911	0.056	不成立
游客满意度	←	响应性	0.241	0.208	0.052	4.005	***	成立
游客满意度	←	移情性	0.151	0.136	0.058	2.334	0.020	成立
游客忠诚度	←	有形性	0.282	0.349	0.067	5.186	***	成立
游客忠诚度	←	可靠性	0.196	0.212	0.056	3.757	***	成立

续表

路径			标准化系数	非标准化系数	*SE*	*CR*	*P*	假设
游客忠诚度	←	保证性	0.048	0.048	0.049	0.994	0.320	不成立
游客忠诚度	←	响应性	0.135	0.128	0.046	2.777	0.005	成立
游客忠诚度	←	移情性	0.219	0.218	0.052	4.185	***	成立
游客忠诚度	←	游客满意度	0.394	0.435	0.082	5.294	***	成立

注：*** 表示在 0.001 的水平上具有显著性。

5.6 游客满意度的中介作用分析

中介效应模型被广泛用于论文研究中，主要用来检验解释变量与被解释变量之间的作用机制，从而建立二者之间的因果关系，增强文章的说服性。在 AMOS 26.0 中，通过 Bootstrap 工具进行了 5 000 次的运行测试，得到了在 95% 置信度下的 Bias-Corrected 和 Percentile 的值。当 Bootstrap 置信区间内没有 0 时，对应的间接效应、直接效应的影响或总效应存在，具体见表 5-14，游客满意度在移情性和游客忠诚度没有中介作用，而在有形性、可靠性、响应性和游客忠诚度之间存在部分中介作用，支持原假设。

表5-14　中介效应检验

路径	效应值	*SE*	Bias-Corrected 95%*CI*			Percentile 95%*CI*			检验结果
			Lower	Upper	*P*	Lower	Upper	*P*	
有形性→游客满意度→游客忠诚度	0.125	0.096	0.046	0.296	0.003	0.050	0.316	0.002	部分中介
可靠性→游客满意度→游客忠诚度	0.100	0.080	0.028	0.272	0.004	0.028	0.263	0.004	部分中介
响应性→游客满意度→游客忠诚度	0.095	0.069	0.040	0.237	0.002	0.040	0.237	0.002	部分中介
移情性→游客满意度→游客忠诚度	0.060	0.071	−0.005	0.222	0.075	−0.008	0.210	0.087	不支持

根据上述计算分析，本部分各相关假设的验证情况见表 5-15。

表5-15　研究假设结果汇总表

假设	验证结果
H1-1：森林康养旅游服务质量有形性对游客满意度具有显著正向影响	支持
H1-2：森林康养旅游服务质量可靠性对游客满意度具有显著正向影响	支持
H1-3：森林康养旅游服务质量保证性对游客满意度具有显著正向影响	不支持
H1-4：森林康养旅游服务质量响应性对游客满意度具有显著正向影响	支持
H1-5：森林康养旅游服务质量移情性对游客满意度具有显著正向影响	支持
H2-1：森林康养旅游服务质量有形性对游客忠诚度具有显著正向影响	支持
H2-2：森林康养旅游服务质量可靠性对游客忠诚度具有显著正向影响	支持
H2-3：森林康养旅游服务质量保证性对游客忠诚度具有显著正向影响	不支持
H2-4：森林康养旅游服务质量响应性对游客忠诚度具有显著正向影响	支持
H2-5：森林康养旅游服务质量移情性对游客忠诚度具有显著正向影响	支持
H3：森林康养游客满意度显著正向影响游客忠诚度	支持
H4-1：森林康养旅游服务质量有形性通过游客满意度间接作用于顾客忠诚度	支持部分
H4-2：森林康养旅游服务质量可靠性通过游客满意度间接作用于顾客忠诚度	支持部分
H4-3：森林康养旅游服务质量保证性通过游客满意度间接作用于顾客忠诚度	不支持
H4-4：森林康养旅游服务质量响应性通过游客满意度间接作用于顾客忠诚度	支持完全
H4-5：森林康养旅游服务质量移情性通过游客满意度间接作用于顾客忠诚度	不支持

5.7　本章小结

本章为数据分析部分，首先，对问卷数据进行描述性统计分析，了解样本的性别比例、年龄分布、学历层次、收入状况、职业状况和森林康养旅游次数等。其次，对问卷数据进行效度和信度的分析，考察问卷题项的内部一致性以及数据是否达到一定标准。再次，通过结构方程模型分析森林康养旅游服务质量有形性、可靠性、响应性、保证性和移情性对游客满意度、游客忠诚度以及游客满意度对游客忠诚度的直接效应进行检验，同时对游客满意度在服务质量和游客忠诚度之间的中介作用进行检验。最后，汇总检验结果。

第 6 章　研究结论与展望

前文对本书的理论进行了分析，并针对鄂东大别山地区进行了实证研究，本章在前述分析的基础上，针对实证分析结果进行结论的总结，并有针对性地提出相关建议，最后指明本书的不足之处，希望在未来可以引起更多的研究人员关注。

6.1　研究结论与讨论

本书以服务质量理论、游客满意度理论和游客忠诚度理论为依据，从关系的视角，探讨森林康养旅游服务质量对游客忠诚度的影响。构建森林康养旅游服务质量对游客忠诚度的框架模型，收集数据，对假设进行验证，探究森林康养旅游服务质量是如何影响游客满意度，进而影响游客忠诚的，以期进一步掌握森林康养旅游者的心理和行为，为政府和企业开展有效决策提供理论支持。

6.1.1　森林康养旅游服务质量与游客满意度的关系

由前文分析可知，森林康养旅游服务质量的有形性、可靠性、响应性和移情性对游客的满意度具有显著正向的影响。这说明森林康养旅游目的地良好的基础设施、旅游设施、整洁卫生的环境、森林康养文化等是影响游客满意度的重要因素；同时，景区服务人员的服务水平、及时性、个性化服务同样也是影响游客满意度的重要因素；而旅游服务质量的保证性对游客的满意度具有正向影响（β=0.121，P=0.056），P 值为0.056，大于0.05，近似不显著，说明游客对景区工作人员的知识、礼节与表达出的自信的能力不是很关注。

从森林康养旅游服务质量的有形性、可靠性、响应性、保证性和移情性对游客满意度的影响来看，首先对游客满意度应该最大的因素是服务质量有形性（β=0.316，P=0.000），其次是可靠性（β=0.253，P=0.000）和响应性（β=0.241，P=0.000），最后再是移情性（β=0.151，P=0.020）。这说明森林康养旅游设施的完善是游客满意度的决定性因素；目前森林康养旅游的发展，游客最关心的是森林康养旅游设施是否完善，是否能满足康养的需求。另外，服务质量可靠性和响应性也是影响游客满意度的重要因素。

6.1.2 森林康养旅游服务质量与游客忠诚度的关系

由前文分析可知，森林康养旅游服务质量的有形性、可靠性、响应性和移情性对游客的忠诚具有显著正向影响。这说明森林康养旅游目的地良好的基础设施、旅游设施、整洁卫生的环境、森林康养文化等是影响游客忠诚度的重要因素；同时，景区服务人员的服务水平、及时性、个性化服务同样也是影响游客忠诚度的重要因素；而旅游服务质量的保证性对游客的忠诚度具有正向影响（β=0.121，P=0.056），P 值为0.056，大于0.05，近似不显著，说明景区工作人员的知识、礼节与表达出的自信的能力对游客的重游和推荐意愿不是很强烈。

从森林康养旅游服务质量的有形性、可靠性、响应性、保证性和移情性对游客忠诚度的影响来看，首先对游客忠诚度应该最大的因素是服务质量有形性（β=0.282，P=0.000），其次是移情性（β=0.219，P=0.000）和可靠性（β=0.196，P=0.000），最后是响应性（β=0.135，P=0.005）。这说明森林康养旅游设施的完善是游客重来或推荐意愿的决定性因素；目前森林康养旅游的发展，游客最关心的是森林康养旅游设施是否完善，是否能满足康养的需求，设施越完善，游客就越愿意重新来该目的地或推荐该目的地给其他人。另外，服务质量移情性和可靠性也是影响游客忠诚度的重要因素，游客越能感受到个性化关怀、感知景区的可靠性，就越愿意重游或推荐此目的地。

6.1.3　游客满意度和游客忠诚度的关系

由前文分析可知，森林康养游客满意度和游客忠诚度具有显著正向影响（β=0.394，P=0.000）。这与以往绝大多数的研究结果一致。这说明游客对森林康养旅游目的地的满意度越高，其重来或推荐意愿就越强烈。

6.1.4　游客满意度的中介作用

通过实证分析得出，游客满意度在森林康养旅游服务质量有形性、可靠性、响应性和游客忠诚度之间存在部分中介作用，且在有形性和游客忠诚度之间的中介效应最大（β=0.125，P=0.002），可靠性（β=0.100，P=0.002）、响应性（β=0.095，P=0.002）和游客忠诚度之间的中介效应。这说明，森林康养旅游服务质量有形性、可靠性和响应性不仅对游客忠诚度有直接效应，还通过游客满意度间接影响游客忠诚度。

6.2　管理建议

本书通过理论和实证研究获得的结论，在进一步完善森林康养旅游服务质量理论的同时，对主管森林康养旅游的政府单位和运营企业，就如何全面提升旅游服务质量，提升顾客重游或推荐率，有助于潜在的游客变为实际的游客，扩大森林康养旅游目的地的品牌影响力，进而提升森林康养旅游企业效益等。鉴于以上的研究结论，本书从以下七个方面提出相关建议，以期对主管森林康养旅游的政府单位和运营企业提供决策支持。

6.2.1　建立健全森林康养旅游发展相关法律法规

森林康养旅游的可持续健康发展得益于国家相关法律法规政策的支持。虽然我国从2010年开始陆续颁布了一系列法律法规或部门规章来支持森林康养旅游的发展，目前也已制定了森林康养基地建设的办法和试点认定标准，但是这些还有待于在实践中继续完善，标准的森林康养基地认证体系的出台也迫在眉睫。只有标准出台了，森林康养基地的建设才能按照标准去建设、去配套，从硬件和软件方面全方位提升。同时，森林康养方面的专业人才极其缺乏，究其根本原因是相关法规或政策制度没有出台，如关于森林康养疗养师的相关政策或制度还未出台，为了更好地保证森林康养旅游发展对专业人才的需求，这项制度的出台也必不可少。硬件的完善加上专业人才的加持，才能更好地完善森林康养基地的建设，才能对人们产生吸引力。关于森林康养基地认证体系和森林康养疗养师的认证制度可以参考比较成熟的日本和韩国的做法，并切合我国具体的国情来制定，希望森林康养疗养师的认证制度能够和导游资格证一样，成为每年全国性的、惯例的一种职业资格考试。只有这样，才能提高该职业资格证的质量，提高康养服务水平和质量，真正满足人们的康养需求，而不是流于形式。目前，我国正积极与德、日、韩等国家开展国际合作，如中韩合作的“北京八达岭森林体验中心”、中德共建的“甘肃秦州森林体验教育中心”等项目，除这些项目合作外，希望能够在森林康养相关法律法规或政策方面合作，促进合作共赢。鄂东大别山地区要积极践行国家和湖北省政府关于森林康养基地建设的相关政策或意见，积极寻求与森林康养发展较好地区的合作机会，从发展模式、基地建设、人才培训或引进、宣传营销、项目共建、线路共享等多方面开展深度交流，因地制宜地发展好本地区的森林康养旅游发展，使之能够成为该地区一个显著的经济增长点之一。

6.2.2 完善森林康养旅游设施

森林康养是消费者在森林中开展一系列运动、疗养、康复、养生、休闲等活动，以达到疗养、康复、养生、休闲的目的；为了达到这些目的，森林康养旅游目的地必须配套相应的水、电、通信、道路等基础设施和游客中心、解说系统等旅游服务设施才能保证以上活动的正常开展。因此，在森林康养旅游基地建设的时候，必须要以森林生态系统的保护和优化为前提，因地制宜、就地取材，尽量不破坏或少破坏山体，保护水源，严格执行生态红线，保障生态和人文的协调发展。

森林康养旅游目的地的内部交通应该与山体、水源等自然地貌相结合，因地制宜选线，严禁大动工程，大开挖山体，避开水源地带和生态红线，最大限度地减少当地山体和景观的破坏。内部交通一般应由主干道和游步道组成。同时，为了满足森林康养旅游目的地生活用水和饮用水的需要，要根据当地水库或水源地建设好配套的水电设施，保证基本的生活和生产需要。

当今是一个通信网络充斥的时代，无缝隙的网络覆盖已成为现代人的必备需求。然而，目前鄂东大别山地区的通信设施还不足，“智慧景区”还未全面实现。为此，森林康养旅游目的地要建设通信基站、电缆等，这些设施设备的建设应该在保护山体和森林资源尽量完好的前提下开展。森林康养旅游运营企业应积极与中国移动、中国联通和中国电信等网络运营商合作，争取目的地无线网络全面覆盖，满足游客对网络的需求。

除了以上的基础设施，还需要配套建设一些康养和旅游服务设施，具体表现在以下几个方面。

第一，体育健身和休闲康养设施齐头并进，动静结合。因为森林康养的客户群是不同年龄段的人群，所以康养和旅游服务设施也应该能够满足不同年龄段的需求。比如青少年活泼好动，精力旺盛，喜欢“动”的项目，那么基地可以根据山体状况建些山地车运动道、攀岩、野战、跑道等相关设施设备；中老年人运动较少、较舒缓，喜欢静态互动，可以建些游步道、中医药养生馆、温泉馆等，或开辟相对高度较小的游步道等。

第二，引入医疗保健设施，服务康养需求。目前鄂东大别山地区森林康养旅游基地的医疗保健设施几乎没有，不能满足游客们康养的需求。因此，可以与相关医疗机构或医院合作，共同建设医疗养生馆、康养馆等，提供健康理疗、康养等服务；可以共同开发森林康养课程，定期向游客或会员进行宣讲康养知识，提高游客的品牌依恋和黏性。

第三，打造生态餐饮和住宿，自然和人文共美。森林康养旅游基地内餐厅的建设要根据森林资源的背景打造成生态餐厅，可以为就餐者提供生态果蔬、有机食品、中医药药膳等健康绿色食品，从饮食方面对游客进行内调，提升康养质量。住宿宾馆或民宿的建设，应当与当地的森林生态风景有机结合，打造生态木屋、树屋等生态形式，可以提供住宿、温泉浴、药浴、推拿按摩等服务，使游客不仅游得舒心，还住得舒心，从情绪上使游客达到康养的目的。

第四，其他设施的建设应该遵循依山而建、保护森林资源、不破坏山体、尽量与当地环境融为一体原则，如建立绿化高、承载高、透水性能好的生态停车场，建设不污染环境的生态公共厕所等，这些设施将全面提升鄂东大别山地区的森林康养体验，满足游客需求。

6.2.3 完善产品结构，深挖文化内涵

文化需求是人们开展旅游活动的重要动因，文化是旅游发展的核心资源，也是提高产品质量和服务质量的重要途径。文化是旅游的灵魂，旅游是文化的载体，二者相辅相成，互相促进。旅游产品只有文化内涵深厚，才能成为吸引游客的长久因素。森林康养旅游的发展也离不开文化内涵的挖掘和充分展现。要积极促进“森林+”“文化+森林”发展模式，积极推动“森林+温泉文化”“森林+农耕文化”“森林+民居文化”“森林+健康文化”“森林+养生文化”“森林+体育文化”“森林+休闲文化”“森林+中医药文化”“森林+生态文化”“森林+非遗文化”等，深挖各类文化内涵，创新文化展现形式，要以喜闻乐见的方式展现给游客，既能做到相关文化的普及，又能达到宣传、传承的目的。

目前，鄂东大别山地区森林康养产业发展尚处于起步阶段，处于“摸石头过河”的阶段，经营者对森林康养的普适性不够强、内涵把握不准。常把森林康养和森林旅游混为一谈，与其他产业的有机融合发展程度不够，开发的产品单一，多以林区观光为主，养生、疗养、体验等方面产品较少或几乎没有，产品同质化较明显。森林康养文化内涵挖掘不深，鲜有产品推介宣传康养文化、生态文化等，本地特色的中医药文化、温泉文化等也未能和森林康养很好地结合起来。天堂寨、薄刀峰、三角山、吴家山、天马寨等各景点项目经营各自为政，在休闲、健身、养生、养老、疗养、体验等方面未形成联动，各景点森林康养特色不明显，不能完全满足多种人群需求。一方面，经营者要广泛学习森林康养旅游相关知识，明晰森林康养旅游可能的产品体系；另一方面，经营者要学习鄂东大别山地区本地特色康养文化，能够将本地特色康养文化与森林旅游有机地结合起来，满足幼儿、青少年、中年人和老年人多种年龄层次的需要。比如，可以将当地的茯苓、天麻、石斛等中医药文化、艾灸文化和温泉疗养文化融入当地森林康养基地建设中，开设中医药疗养院、温泉馆、药膳馆等；同时，设有专门讲解人员讲解这些所内含的康养文化，使游客形成良好的健康养生观念，保持良好的生活习惯和态度。

6.2.4　加大专业人才培养

首先，人才保障是森林康养旅游产业可持续发展的重要保障和前提，是企业的核心竞争力。森林康养对“医”和“养”的专业知识要求较高，又要依托林区资源利用，需要集医药、养生、林业、美术、旅游、经营、管理等专业知识于一体的复合型人才来指导产品的设计开发及经营。目前我国就如何培养森林康养人才还没有明确的课程体系和模式，以致专业人才一直是一个重要的短板。目前鄂东大别山地区真正的森林康养产业专业人才几乎没有，旅游产业发展的人才也很缺乏，以致出现森林康养旅游发展思路不清晰、谋划不足、内涵挖掘不深、产品结构单一、基础设施跟不上等一系列问题。因此，我国应大力开展森林康养相关的高校教育、研究基地、培训基地等的建设，培养一批真正热爱森林康养产业、愿意从事该行业的专业人才和从业人员。鄂东大别山地区的森林康养旅游企业应积极到林业类院校进行学习取经，或聘请专家学者到本地进行实地讲学和“把脉”。同时，政府要广泛征求当地森林康养企业意见，搭建平台，积极引进所需要的复合型人才，能够从全局谋划森林康养的可持续发展，政府和企业应从薪资待遇、发展平台、家属教育和工作等多方面开通绿色通道，以期吸引人才、留住人才。

其次，服务人员的综合素质对游客满意度和忠诚度具有重要的影响。目前鄂东大别山地区的很多基层服务人员均是本地居民，学历层次较低，服务意识差，服务态度、服务技能等都有待提高。政府和企业可积极举办相关的培训班，加强对本地居民服务意识和技能的培养，提高森林康养整体服务水平。

最后，希望能够借鉴日本、韩国等国家的人才培养体系和建立治疗师认证制度，建立健全森林康养专业人员资格考试制度和培训机制，加强该行业的准入制度，要求必须考试通过，并且拿到康养疗养师证书后方可上岗。

6.2.5　注重营销，建立消费者对品牌的依恋情感

品牌依恋本质反映的是消费者与品牌的关系治理，消费者对品牌的依恋是影响消费者参与森林康养旅游的重要影响因素之一。作为森林康

养旅游运营企业应致力于培养游客对森林康养旅游品牌的积极情感，建立与森林康养旅游品牌的依恋。

第一，鄂东大别山地区应根据消费者需求变化，积极完善森林康养旅游基础设施和配套设施，优化产品结构，延长产业链条，积极开发满足各个年龄段的康养产品，做好硬件建设。比如老年人喜欢安静、舒缓的康养方式，可优化森林步道建设，开设适合老年人喜好的养生馆，如艾灸、按摩等；中年人和青年群体喜欢运动健身，可根据本地条件开展跑道建设、山地车跑道、攀岩、探险等项目建设；少年和幼儿群体喜欢探索大自然的奥秘，可以设置动植物识别、儿童攀岩、儿童越野、跳跳床等儿童项目。同时，可以根据性别不同的特点，设置满足不同性别的消费者的需求。例如，女性游客喜欢美容养生，可根据森林资源的禀赋条件，开设森林美容、森林康体、中医药美容养生等系列项目。只有产品丰富、服务质量好，才能从根本上吸引游客，也才是宣传营销最坚实的基础。

第二，为了能够从情感上打动游客，建议采用情感营销方式。例如，目前比较流行的“乡村第一书记”直播，这种方式可以拉近游客对该地区的亲切感；又如讲故事的方式在网络上营销，这种形式也比较容易被游客接受，可通过此方式建立与品牌的纽带；再如，积极培育忠诚顾客的口碑宣传营销。采取优惠券、返现、增加体验次数等多种方式推进顾客的宣传，从口碑宣传到网络评论营销，顾客的真实体验增强潜在消费者对目的地的亲切感和真实感，更有利于潜在消费者的造访和消费。

第三，积极利用网络，建立虚拟社区和各类交流平台，开展个性化服务，工作人员能够及时回答和解决游客的各类疑惑，增加消费者的情感体验，进一步维护与游客的关系，增加消费者的重游率。

第四，政府管理者应积极参与到森林康养品牌的打造中，既要做好管理者，又要做好参与者、传播者，加强与游客的互动，使游客感到受尊重，进而提升游客对企业品牌的依恋程度。将森林康养旅游的宣传营销作为政绩考核的重要一项予以积极推动。政府可利用全国性的、省级的旅游博览会等，向外界积极推介该地区的森林康养旅游，介绍森林康养旅游产品，提升潜在消费者的认知。

6.2.6　增进游客对社区及成员的关系信任

信任可以增强游客对森林康养旅游目的地的依恋，游客可能会有更强的欲望来此地重游或推荐给其他人。因此，企业经营管理者应该通过多种途径增进游客对社区及成员的关系信任。

企业可以经常组织一些活动，例如森林康养旅游节、康养知识趣味竞答、中医药康养知识大赛等系列活动，不断刷新游客对森林康养目的地的新认知。同时，针对不同的康养群体或类型，可以建立小协会或小团体，该团体和协会可以定期举办一些活动，推动成员持续关注康养和健康，从而建立起成员之间的信任感。此外，目的地还可以针对自己的客户群建立一个虚拟社区，不定期分析健康养生等系列活动，增进游客对该虚拟社区的关系信任。企业方要有专人负责这些虚拟社区、小协会等的运营，提高活跃度，这样才有利于形成比较稳定的、持续的游客信任。同时，由于网络上游客的个人隐私和个人信息容易泄露并被一些不法分子所利用，因此要采取多种方法保护游客的个人隐私，做到个人信息安全。建立合理的社区管理制度来引导积极健康的社区论坛氛围和互帮互助的社区文化；对游客不定期分享一些高质量的健康养生信息资源，对一些不恰当、不合理的信息资源要及时予以删除，保证社区信息资源的有用性、安全性、健康性，增进游客对该社区的持续信任。

6.2.7　建立多方利益协调机制，保障各方利益

旅游发展涉及的利益主体一般有投资商、开发商、游客、当地政府和当地居民等。森林康养旅游的发展对于不同的利益主体来说，诉求是不一样的。在这种关系中，投资商和当地居民的矛盾通常比较突出，投资商是想尽可能多地获得收益而忽视其他利益相关主体的利益，而当地居民也希望从旅游发展中获得相关收益。如果两者关系处理不好，势必会影响森林康养旅游产业的发展，因此必须处理好相关利益主体的关系，尤其是投资商和当地居民的利益冲突问题。

鉴于以前两者关系的矛盾点主要是在利益的分配上，因此可建立清晰的产权结构，吸引当地居民入股投资，对从居民手中流转过来的土地进行估价入股，最后按照投资规模进行利益分配。具体来说，可以考虑

成立一家股份制公司，将森林康养旅游的所有权、经营权和监督管理权等实行分离，避免投资所有人直接和居民对接。调动当地的民间资本不仅可以保障发展需要的资金，而且可以分散投资的风险，保障森林康养旅游的顺利开展。

6.3 研究局限和展望

本书在对森林康养旅游服务质量、满意度和忠诚度文献充分进行回顾的基础上，提出本书的框架模型，并进行了充分的调研；对数据进行了较为翔实的分析。尽管整个过程力求规范，但由于经费、人手和本人科研能力的制约，本书仍然存在一些可以改进的地方。这些改进的地方为未来的研究在一定程度上指明了方向，并给出了一些建议。

6.3.1 样本选择方面

本书根据研究的内容，样本的选择全部是在鄂东大别山地区的森林康养基地进行发放，因此该研究结果主要适用于该地区。本书得出的结论是否可以推广到湖北省乃至全国，这是一个需要进一步调研验证的问题。未来的研究可以从全国森林康养基地随机抽样，样本的代表性会更好一些，从而研究的结论更具有代表性、普适性。

6.3.2 模型构建方面

本书依据服务质量理论、顾客满意度理论和顾客忠诚度理论，采用服务质量 SERVQUAL 模型构建了森林康养旅游服务质量对游客忠诚度的影响模型，其中涉及的变量有服务质量有形性、可靠性、响应性、保证性和移情性及游客满意度和忠诚度。服务质量对游客忠诚度的影响是个复杂的系统，可能还会有其他因素影响游客忠诚度，比如旅游目的地形象、游客感知价值、游客信任等变量。另外，消费者的个体因素也是影响服务质量的重要方面，如性别、年龄、个人喜好、职业、旅游动机等。因此，在未来的研究中，可以考虑纳入这些变量以更好地解释森林康养旅游服务质量对游客忠诚度的影响。在假设检验方面，除了路径分析、中介作用分析外，未来还可以考虑哪些因素可能会调节服务质量对游客忠诚度的影响。

6.3.3 游客忠诚度方面

游客忠诚度的衡量一般从重游意愿和推荐意愿来衡量，而在本书中，并未将两者进行区分，而是使用游客忠诚度来表征，为了更好地区分游客的重游意愿和推荐意愿，未来可以将两个变量同时纳入进来，有利于更好地了解游客的忠诚度。

6.3.4 不同群组分析方面

游客的行为受到客观环境与自身心理和身体条件的双重影响，本书仅从森林康养旅游服务质量方面探索对其忠诚度的影响，未能从游客的不同属性特征探索游客的忠诚度，如从性别、年龄、学历层次、收入状况等。未来可从这些方面入手，进行深入研究，以期更好地理解游客不同属性特征和森林康养旅游服务质量对其忠诚度的影响。

参考文献

[1] HESKETT J L, SASSER W E, Wheeler J. The Ownership Quotient: putting the service profit chain to work for unbeatable competitive advantage[M]. Harvard Business Press, 2008.

[2] LEVINE J E. An introduction to neuroendocrine systems[M]//Handbook of Neuroendocrinology. Academic Press, 2012: 3–19.

[3] GLACKEN, C J. Traces on the Rhodian Shore: Nature and Culture in Western Thought from Ancient Times to the End of the Eighteenth Century[M]. University of California Press, 1967.

[4] BERRY L L, BENNETT D R, BROWN C W. Service quality: A profit strategy for financial institutions[M]. Irwin Professional Pub, 1989.

[5] LUTZ R J, WINN P R. Developing a Bayesian measure of brand loyalty: A preliminary report[C]//Combined proceedings. Chicago: American Marketing Association, 1974: 104–108.

[6] BERRY L, ZEITHAML V, Parasuraman A. SERVQUAL: a multi-item scale for measuring Customer perceptions of service[J]. Journal of Retailing, 1988, 64（1）: 12–40.

[7] BROWN T J, CHURCHILL G A, Peter J P . Improving the measurement of service quality[J]. Journal of Retailing, 1993, 69（1）：127–139.

[8] JAIN, SANJAY K , GUPTA, et al. Measuring Service Quality: SERVQUAL vs. SERVPERF Scales.[J]. Vikalpa: The Journal for Decision Makers, 2004.

[9] JENET F A, ARMSTRONG J W, TINTO M . Pulsar timing sensitivity to very-low-frequency gravitational waves[J]. Physical Review D, 2011, 83（8）：81-301.

[10] BLOEMER J, RUYTER K D . On the relationship between store image, store satisfaction and store loyalty[J]. European Journal of Marketing, 1998, 32(5-6): 499-513.

[11] FORNELL C, M D JOHNSON, ANDERSON E W , et al. The American Customer Satisfaction Index: Nature, Purpose, and Findings[J]. Journal of Marketing, 1996, 60（4）：7-18.

[12] KOTLER P, KELLER K L , SIMULATIONS I. Framework for Marketing Management 4e[J]. Sloan Management Review, 2016, 32（2）：94-104.

[13] JAMAL A, NASER K. Customer satisfaction and retail banking: an assessment of some of the key antecedents of customer satisfaction in retail banking[J]. International journal of bank marketing, 2002， 20（4）：146-160.

[14] OLIVER R L. A cognitive model of the antecedents and consequences of satisfaction decisions[J]. Journal of marketing research, 1980, 17（4）：460-469.

[15] DORFMAN P W. Measurement and meaning of recreation satisfaction: A case study in camping[J]. Environment and Behavior, 1979, 11（4）：483-510.

[16] OLIVER R L, SWAN J E. Consumer perceptions of interpersonal equity and satisfaction in transactions: A field survey approach[J]. Journal of marketing, 1989, 53（2）：21-35.

[17] MARTIN C L, PRANTER C A. Compatibility management: customer-to-customer relationships in service environments[J]. Journal of Services Marketing, 1989, 3（3）：5-15.

[18] BITNER M J. Evaluating service encounters: the effects of physical surroundings and employee responses[J]. Journal of marketing, 1990, 54（2）：69-82.

[19] CRONIN J J, BRADY M K, HULT G. Assessing the effects of quality, value, and customer satisfaction on consumer behavioral intentions in service environments[J]. 2000, 76（2）：193-218.

[20] MANANI T O, NYAOGA R B, BOSIRE R M , et al. Service quality and customer satisfaction at Kenya Airways Ltd[J]. European Journal of Business and

Management，2013，5（22）：170–179.

[21] EUGENE W A & VIKAS M. Strengthening the satisfaction–profit chain[J]. Journal of Service Research, 2000, 3（2）：107–120.

[22] HARRISS L, HAWTON K. Deliberate self–harm in rural and urban regions: a comparative study of prevalence and patient characteristics[J]. Social science & medicine, 2011, 73（2）：274–281.

[23] WEICH S, TWIGG L I Z, Lewis G. Rural/non–rural differences in rates of common mental disorders in Britain: prospective multilevel cohort study[J]. The British Journal of Psychiatry, 2006, 188（1）：51–57.

[24] CHALQUIST C. A look at the ecotherapy research evidence[J]. Ecopsychology, 2009, 1（2）：64–74.

[25] KAMIOKA H, TSUTANI K, MUTOH Y, et al. A systematic review of randomized controlled trials on curative and health enhancement effects of forest therapy[J]. Psychology Research and Behavior Management, 2012（5）：85.

[26] KIM K H, KABIR E, KABIR S. A review on the human health impact of airborne particulate matter[J]. Environment international, 2015（74）：136–143.

[27] LYU B, ZENG C, XIE S, et al. Benefits of a three–day bamboo forest therapy session on the psychophysiology and immune system responses of male college students[J]. International journal of environmental research and public health, 2019, 16（24）：4991.

[28] JIA B B, YANG Z X, MAO G X, et al. Health effect of forest bathing trip on elderly patients with chronic obstructive pulmonary disease[J]. Biomedical and Environmental Sciences, 2016, 29（3）：212–218.

[29] PARK B J, TSUNETSUGU Y, KASETANI T, et al. The physiological effects of Shinrin–yoku（taking in the forest atmosphere or forest bathing）：evidence from field experiments in 24 forests across Japan[J]. Environmental health and preventive medicine, 2010, 15（1）：18–26.

[30] LEE J, PARK B J, TSUNETSUGU Y, et al. Effect of forest bathing on physiological and psychological responses in young Japanese male subjects[J]. Public health, 2011, 125（2）：93–100.

[31] BIELINIS E, TAKAYAMA N, BOIKO S, et al. The effect of winter forest bathing on psychological relaxation of young Polish adults[J]. Urban Forestry & Urban Greening, 2018（29）：276–283.

[32] FURUYASHIKI A, TABUCHI K, NORIKOSHI K, et al. A comparative study of the physiological and psychological effects of forest bathing (Shinrin–yoku) on working age people with and without depressive tendencies[J]. Environmental health and preventive medicine, 2019, 24（1）：1–11.

[33] YU C P S, HSIEH H. Beyond restorative benefits: Evaluating the effect of forest therapy on creativity[J]. Urban Forestry & Urban Greening, 2020（51）：126670.

[34] VUJCIC M, TOMICEVIC–DUBLJEVIC J. Urban forest benefits to the younger population: The case study of the city of Belgrade, Serbia[J]. Forest policy and economics, 2018（96）：54–62.

[35] SONNTAG–ÖSTRÖM E, STENLUND T, NORDIN M, et al. “‘Nature’s effect on my mind”–Patients qualitative experiences of a forest–based rehabilitation programme[J]. Urban Forestry & Urban Greening, 2015, 14（3）：607–614.

[36] JUNG W H, WOO J M, RYU J S. Effect of a forest therapy program and the forest environment on female workers stress[J]. Urban forestry & urban greening, 2015, 14（2）：274–281.

[37] OHE Y, IKEI H, SONG C, et al. Evaluating the relaxation effects of emerging forest–therapy tourism: A multidisciplinary approach[J]. Tourism Management, 2017（62）：322–334.

[38] SMYTH M J, HAYAKAWA Y, TAKEDA K, et al. New aspects of natural–killer–cell surveillance and therapy of cancer[J]. Nature Reviews Cancer, 2002, 2(11): 850–861.

[39] OHTSUKA Y, YABUNAKA N, & Takayama S. Significance of Shinrin–Yoku (Forest–Air Bathing and Walking) as an Exercise Therapy for Elderly Patients with Diabetes Mellitus[J]. Journal of Japanese Association of Physical Medicine Balneology and Climatology, 1998, 61（2）：101–105.

[40] PARK B J, TSUNETSUGU Y, KASETANI T, et al. Physiological effects of forest

recreation in a young conifer forest in Hinokage Town, Japan[J]. Silva Fenn, 2009, 43（2）：291–301.

[41] KANG B, KIM T, KIM M J, et al. Relief of chronic posterior neck pain depending on the type of forest therapy: comparison of the therapeutic effect of forest bathing alone versus forest bathing with exercise[J]. Annals of rehabilitation medicine, 2015, 39（6）：957–963.

[42] RAJOO K S, KARAM D S, AZIZ N A A. Developing an effective forest therapy program to manage academic stress in conservative societies: A multi–disciplinary approach[J]. Urban Forestry & Urban Greening, 2019（43）：126353.

[43] DOLLING A, NILSSON H, & LUNDELL Y. Stress recovery in forest or handicraft environments –An intervention study[J]. Urban Forestry and Urban Greening, 2017（27）：162– 172.

[44] SONG C, IKEI H, KOBAYASHI M, et al. Effects of viewing forest landscape on middle–aged hypertensive men[J]. Urban Forestry & Urban Greening,2017b（21）：247–252.

[45] ULRICH R S, SIMONS R F, LOSITO B D, et al. Stress recovery during exposure to natural and urban environments[J]. J.Environ.Psychol.,1991（11）：201–230.

[46] LEONARD F S, SASSER W E . The Incline of Quality[J]. Harv.bus.rev, 1982, 60（5）：163–171.

[47] CRONIN J J, TAYLOR S A . Servperf versus Servqual: Reconciling Performance–Based and Perceptions–Minus–Expectations Measurement of Service Quality [J]. SAGE Publications, 1994，58（1）：125–131.

[48] GAMMIE M. The harmonisation of corporate income taxes in Europe: the Ruding Committee Report[J]. Fiscal Studies, 1992，13（2）：108–121.

[49] HALLOWELL R. The relationships of customer satisfaction, customer loyalty, and profitability: an empirical study[J]. International journal of service industry management, 1996，7（4）：27–42.

[50] CHANG T Z, CHEN S J. Market orientation, service quality and business profitability: a conceptual model and empirical evidence[J]. Journal of services marketing, 2013,12（4）：246–264.

[51] GUMMESSON E. Implementation requires a relationship marketing paradigm[J]. Journal of the Academy of marketing science, 1998, 26（3）：242–249.

[52] LEE H J, SON Y H, KIM S, et al. Healing experiences of middle–aged women through an urban forest therapy program[J]. Urban Forestry & Urban Greening, 2019（38）：383–391.

[53] LASSER K, BOYD J W, WOOLHANDLER S, et al. Smoking and mental illness: a population–based prevalence study[J]. Jama, 2000, 284（20）：2606–2610.

[54] SILVESTRO R, CROSS S. Applying the service profit chain in a retail environment: Challenging the "satisfaction mirror" [J]. International journal of service industry management, 2000，11（3）：244–268.

[55] NEWMAN M E J. The structure of scientific collaboration networks[J]. Proceedings of the national academy of sciences, 2001, 98（2）：404–409.

[56] GURU B K, SHANMUGAM B, ALAM N, et al. An evaluation of internet banking sites in Islamic countries[J]. Journal of Internet banking and Commerce, 2003, 8（2）：1–11.

[57] GRONROOS C. Strategic Management and Marketing in the Service Sector: Helsinfors[J]. Sweden: Swedish School of Economics and Business Administration, 1982.

[58] GARVIN D A. Product quality: An important strategic weapon[J]. Business horizons, 1984, 27（3）：40–43.

[59] LEWIS D. New work for a theory of universals[J]. Australasian journal of philosophy, 1983, 61（4）：343–377.

[60] PARASURAMAN A, ZEITHAML V A, et al. SERVQUAL: a multiple–item scale for measuring consumer perceptions of service quality[J]. Journal of Retailing,1988（64）：12–40.

[61] ZEITHAML V A. Consumer perceptions of price, quality, and value: a means–end model and synthesis of evidence[J]. Journal of marketing, 1988, 52（3）：2–22.

[62] QUESTER P, ROMANIUK S. Service quality in the Australian advertising industry: a methodological study[J]. Journal of Services Marketing, 1997, 11(3): 180–192.

[63] CRONIN JR J J, TAYLOR S A. Measuring service quality: a reexamination and extension[J]. Journal of marketing, 1992, 56（3）：55–68.

[64] GRÖNROOS C. A service quality model and its marketing implications[J]. European Journal of marketing, 1984，18（4）：36–44.

[65] PARASURAMAN A, ZEITHAML V A, BERRY L L. A conceptual model of service quality and its implications for future research[J]. Journal of marketing, 1985, 49（4）：41–50.

[66] BRADY M K, CRONIN J J. Perceived service conceptualizing approach quality: A hierarchical[J]. Journal of Marketing, 2001, 65（3）：34–49.

[67] CARO L M, GARCÍA J A M. Measuring perceived service quality in urgent transport service[J]. Journal of Retailing and Consumer Services, 2007, 14（1）：60–72.

[68] FROCHOT I, HUGHES H. Histoqual: The Develop- ment of A Historic Houses Assessment Scale[J]. Tourism Management, 2000, 21（2）：157–167.

[69] REICHEL A, LOWENGARTOL, MILAMAN A. Rural Tourism in Israel: Service Quality and Orientation[J]. Tourism Management, 2000, 21（5）：451–459.

[70] KOZAK M, TASCI A D A. Intentions and consequences of tourist complaints[J]. Tourism Analysis, 2006, 11（4）：231–239.

[71] CARDOZO R N. An experimental study of customer effort, expectation, and satisfaction[J]. Journal of marketing research, 1965, 2（3）：244–249.

[72] OLIVER R L. A cognitive model of the antecedents and consequences of satisfaction decisions[J]. Journal of marketing research, 1980, 17（4）：460–469.

[73] PIZAM A, NEUMANN Y, REICHEL A. Dimentions of tourist satisfaction with a destination area[J]. Annals of tourism Research, 1978, 5（3）：314–322.

[74] CORREIA A, KOZAK M, FERRADEIRA J. From tourist motivations to tourist satisfaction[J]. International journal of culture, tourism and hospitality research, 2013，7（4）：411–424.

[75] ALEGRE J, GARAU J. Tourist satisfaction and dissatisfaction[J]. Annals of tourism research, 2010, 37（1）：52–73.

[76] PIZAM A. Tourism' s impacts: The social costs to the destination community as

perceived by its residents[J]. Journal of travel research, 1978, 16（4）: 8–12.

[77] PETRICK J F, BACKMAN S J. An examination of the construct of perceived value for the prediction of golf travelers intentions to revisit[J]. Journal of travel research, 2002, 41（1）: 38–45.

[78] CHEN C F, TSAI D C. How destination image and evaluative factors affect behavioral intentions?[J]. Tourism management, 2007, 28（4）: 1115–1122.

[79] DORFMAN P W. Measurement and meaning of recreation satisfaction: A case study in camping[J]. Environment and Behavior, 1979, 11（4）: 483–510.

[80] CHURCHILL JR G A, SURPRENANT C. An investigation into the determinants of customer satisfaction[J]. Journal of marketing research, 1982, 19（4）: 491–504.

[81] MASARRAT G. Tourists satisfaction towards tourism products and market: A case study of Uttaranchal[J]. International Journal of Business & Information Technology, 2012, 2（1）: 16–25.

[82] REISINGER Y, TURNER L. Cultural differences between Mandarin–speaking tourists and Australian hosts and their impact on cross–cultural tourist–host interaction[J]. Journal of Business Research, 1998, 42（2）: 175–187.

[83] PIZAM A, URIELY N, REICHEL A. The intensity of tourist–host social relationship and its effects on satisfaction and change of attitudes: The case of working tourists in Israel[J]. Tourism management, 2000, 21（4）: 395–406.

[84] CHI C G Q, QU H. Examining the structural relationships of destination image, tourist satisfaction and destination loyalty: An integrated approach[J]. Tourism management, 2008, 29（4）: 624–636.

[85] キュー，イー，ホン．“Can the people who use wheelchairs enjoy the national parks?” Compare the accessibility of people who use wheelchairs to national parks in Malaysia to Hokkaidos and create a spatial database for the future[J]. Terminology, 4: 5.

[86] EID R, EL–KASSRAWY Y A, Agag G. Integrating destination attributes, political (in) stability, destination image, tourist satisfaction, and intention to recommend: A study of UAE[J]. Journal of Hospitality & Tourism Research, 2019, 43（6）: 839–866.

[87] LU C S, HO L C, MING L C, et al. Service Quality Assessment of Halal Food Transport Logistics in Hong Kong[J]. Shipping Digest, 2020（1）: 35–51.

[88] JEFFRI M L. Exploring the Resources and Development of Halal Tourism in Japan[J]. 2021.

[89] MUTANGA C N, VENGESAYI S, CHIKUTA O, et al. Travel motivation and tourist satisfaction with wildlife tourism experiences in Gonarezhou and Matusadona National Parks, Zimbabwe[J]. Journal of outdoor recreation and tourism, 2017（20）: 1–18.

[90] LU C C, HSU Y L, LU Y, et al. Measuring tourist satisfaction by motivation, travel behavior and shopping behavior: the case of lake scenic area in TaiWan[J]. International Journal of Organizational Innovation, 2015, 8（1）: 117–132.

[91] BEVERLAND M B, FARRELLY F J. The quest for authenticity in consumption: Consumers purposive choice of authentic cues to shape experienced outcomes[J]. Journal of consumer research, 2010, 36（5）: 838–856.

[92] ZHANG H, CHO T, WANG H, et al. The influence of cross–cultural awareness and tourist experience on authenticity, tourist satisfaction and acculturation in World Cultural Heritage Sites of Korea[J]. Sustainability, 2018, 10（4）: 927.

[93] GENC V, GENC S G. The effect of perceived authenticity in cultural heritage sites on tourist satisfaction: the moderating role of aesthetic experience[J]. Journal of Hospitality and Tourism Insights, 2023, 6（2）: 530–548.

[94] ATILA, YÜKSEL, FISUN, et al. Measurement of tourist satisfaction with restaurant services: A segment–based approach[J]. Journal of Vacation Marketing, 2003, 9（1）: 52–68.

[95] MARTILLA J A, JAMES J C. Importance–performance analysis[J]. Journal of marketing, 1977, 41（1）: 77–79.

[96] CRONIN JR J J, TAYLOR S A. Measuring service quality: a reexamination and extension[J]. Journal of marketing, 1992, 56（3）: 55–68.

[97] QUESTER P, ROMANIUK S. Service quality in the Australian advertising industry: a methodological study[J]. Journal of Services Marketing, 1997, 11（3）: 180–192.

[98] PRENTICE C, LOUREIRO S M C. An asymmetrical approach to understanding configurations of customer loyalty in the airline industry[J]. Journal of Retailing and Consumer Services, 2017（38）：96–107.

[99] KAMRAN–DISFANI O, MANTRALA M K, Izquierdo–Yusta A, et al. The impact of retail store format on the satisfaction–loyalty link: An empirical investigation[J]. Journal of Business Research, 2017（77）：14–22.

[100] HALLOWELL R. The relationships of customer satisfaction, customer loyalty, and profitability: an empirical study[J]. International journal of service industry management, 1996，7（4）：27–42.

[101] IZQUIERDO C C, CILLAN J G, GUTIÉRREZ S S M. The impact of customer relationship marketing on the firm performance: a Spanish case[J]. Journal of services marketing, 2005，19（4）：234–244.

[102] JACOBY J, CHESTNUT R W, FISHER W A. A behavioral process approach to information acquisition in nondurable purchasing[J]. Journal of marketing research, 1978, 15（4）：532–544.

[103] KAHN B E, KALWANI M U, MORRISON D G. Measuring variety–seeking and reinforcement behaviors using panel data[J]. Journal of marketing research, 1986, 23（2）：89–100.

[104] DAY W F. Radical behaviorism in reconciliation with phenomenology[J]. Journal of the Experimental Analysis of Behavior, 1969, 12（2）：315.

[105] JACOBY J, CHESTNUT R W, FISHER W A. A behavioral process approach to information acquisition in nondurable purchasing[J]. Journal of marketing research, 1978, 15（4）：532–544.

[106] JACOBY J, KYNER D B. Brand loyalty vs. repeat purchasing behavior[J]. Journal of Marketing research, 1973, 10（1）：1–9.

[107] JACOBY J, OLSON J C. An attitudinal model of brand loyalty: conceptual underpinnings and instrumentation research[J]. Purdue Papers in Consumer Psychology, 1970, 159（2）：14–20.

[108] ANDERSON R E, SRINIVASAN S S. E–satisfaction and e–loyalty: A contingency framework[J]. Psychology & marketing, 2003, 20（2）：123–138.

[109] SRINIVASAN S S, ANDERSON R, PONNAVOLU K. Customer loyalty in e-commerce: an exploration of its antecedents and consequences[J]. Journal of retailing, 2002, 78（1）: 41–50.

[110] KUEHN A A. Consumer Brand Choice–As a Learning Process[J]. Journal of Advertising research, 1962（2）: 10–17.

[111] KUMAR V, SHAH D. Building and sustaining profitable customer loyalty for the 21st century[J]. Journal of retailing, 2004, 80（4）: 317–329.

[112] YEE R W Y, YEUNG A C L, CHENG T C E. An empirical study of employee loyalty, service quality and firm performance in the service industry[J]. International Journal of Production Economics, 2010, 124（1）: 109–120.

[113] OLIVER R L. Whence consumer loyalty?[J]. Journal of marketing, 1999, 63（4_suppll）: 33–44.

[114] PAN Y, SHENG S, XIE F T. Antecedents of customer loyalty: An empirical synthesis and reexamination[J]. Journal of retailing and consumer services, 2012, 19（1）: 150–158.

[115] HALLOWELL R. The relationships of customer satisfaction, customer loyalty, and profitability: an empirical study[J]. International journal of service industry management, 1996, 7（4）: 27–42.

[116] PAN W, GIBB A G F, DAINTY A R J. Strategies for integrating the use of off-site production technologies in house building[J]. 2012, 138（11）: 1331–1340.

[117] ANDERSON R E, SRINIVASAN S S. E-satisfaction and e-loyalty: A contingency framework[J]. Psychology & marketing, 2003, 20（2）: 123–138.

[118] GELADE G A, YOUNG S. Test of a service profit chain model in the retail banking sector[J]. Journal of occupational and organizational Psychology, 2005, 78（1）: 1–22.

[119] BRUNNER T A, STÖCKLIN M, OPWIS K. Satisfaction, image and loyalty: new versus experienced customers[J]. European journal of marketing, 2008, 4（9/10）: 1095–1105.

[120] BELÁS J, GABČOVÁ L. The relationship among customer satisfaction, loyalty and financial performance of commercial banks[J]. E+ M Ekonomie a Management, 2016,19（1）：132–147.

[121] COELHO P S, HENSELER J. Creating customer loyalty through service customization[J]. European Journal of Marketing, 2012,46（3/4）：331–356.

[122] LAM S Y, SHANKAR V, ERRAMILLI M K, et al. Customer value, satisfaction, loyalty, and switching costs: an illustration from a business–to–business service context[J]. Journal of the academy of marketing science, 2004, 32（3）：293–311.

[123] MITTAL V, KAMAKURA W A. Satisfaction, repurchase intent, and repurchase behavior: Investigating the moderating effect of customer characteristics[J]. Journal of marketing research, 2001, 38（1）：131–142.

[124] CHODZAZA G E, GOMBACHIKA H S H. Service quality, customer satisfaction and loyalty among industrial customers of a public electricity utility in Malawi[J]. International Journal of Energy Sector Management, 2013，7（2）：269–282.

[125] CRONIN J J, BRADY M K, HULT G T M. Assessing the effects of quality, value, and customer satisfaction on consumer behavioral intentions in service environments[J]. Journal of retailing, 2000, 76（2）：193–218.

[126] YEE R W Y, YEUNG A C L, CHENG T C E. An empirical study of employee loyalty, service quality and firm performance in the service industry[J]. International Journal of Production Economics, 2010, 124（1）：109–120.

[127] GILLANI S U A, AWAN A G. Customer loyalty in financial sector: A case study of commercial banks in southern Punjab[J]. International Journal of Accounting and Financial Reporting, 2014, 4（2）：587.

[128] GILLANI S U A, AWAN A G. Customer loyalty in financial sector: A case study of commercial banks in southern Punjab[J]. International Journal of Accounting and Financial Reporting, 2014, 4（2）：587.

[129] MITHAS S, KRISHNAN M S, FORNELL C. Why do customer relationship management applications affect customer satisfaction?[J]. Journal of marketing, 2005, 69（4）：201–209.

[130] BRADY M K, ROBERTSON C J. Searching for a consensus on the antecedent role of service quality and satisfaction: an exploratory cross-national study[J]. Journal of Business research, 2001, 51（1）: 53-60.

[131] CACERES R C, PAPAROIDAMIS N G. Service quality, relationship satisfaction, trust, commitment and business-to-business loyalty[J]. European journal of marketing, 2007，41（7/8）: 836-867.

[132] NGO V M, NGUYEN H H. The relationship between service quality, customer satisfaction and customer loyalty: An investigation in Vietnamese retail banking sector[J]. Journal of competitiveness, 2016,8（2）: 103-116.

[133] MINTA Y. Link between satisfaction and customer loyalty in the insurance industry: Moderating effect of trust and commitment[J]. Journal of Marketing Management, 2018, 6（2）: 25-33.

[134] ANWAR I F, SHUKOR S A, MOHD N R S, et al. The antecedents of waqifs loyalty in cash waqf from the individual perspective[J]. International Journal of Academic Research in Business and Social Sciences, 2019, 9（11）: 1228-1236.

[135] SANTOURIDIS I, TRIVELLAS P. Investigating the impact of service quality and customer satisfaction on customer loyalty in mobile telephony in Greece[J]. The TQM Journal, 2010，22（3）: 330-343.

[136] LOEHLIN J C. Guttman on factor analysis and group differences: A comment[J]. Multivariate Behavioral Research, 1992, 27（2）: 235-237.

[137] GORSUCH R L, VENABLE G D. Development of an "age universal" IE scale[J]. Journal for the scientific study of religion, 1983: 181-187.

[138] 吴明隆 . 问卷统计分析实务：SPSS 操作与应用 [M]. 重庆 : 重庆大学出版社，2010.

[139] 唐建兵 . 森林养生旅游开发与健康产业打造 [J]. 成都大学学报（社会科学版), 2010（4）: 74-77.

[140] 李济任 , 许东 . 森林康养旅游评价指标体系构建研究 [J]. 林业经济 , 2018, 40（3）: 28-34.

[141] 潘洋刘 , 刘苑秋 , 曾进 , 等 . 基于康养功能的森林资源评价指标体系研究 [J]. 林业经济 , 2018, 40（8）: 53-57，107.

[142] 武长雄 . 森林康养产业的人力资源管理策略 [J]. 人力资源 , 2020（24）：18–19.

[143] 陈圆 . 森林康养基地建设保障体系的思考：基于《森林康养基地总体规划导则》的要求 [J]. 普洱学院学报 , 2021, 37（1）：10–12.

[144] 龚奇峰 . 教育服务品质、学员满意度和忠诚度：SERVQUAL 还是 SERVPERF？：来自上海教育服务行业的证据 [J]. 中国软科学 , 2011（S2）：1–26.

[145] 王恩旭 , 武春友 . 基于灰色关联分析的入境旅游服务质量满意度研究 [J]. 旅游学刊 , 2008, 23（11）：30–34.

[146] 马耀峰 , 王冠孝 , 张佑印，等. 古都国内游客旅游服务质量感知评价研究：以西安市为例 [J]. 干旱区资源与环境 , 2009, 23（6）：176–180.

[147] 李万莲 , 李敏. 旅游服务质量满意度影响因子的区域差异研究：安徽三大旅游板块的比较分析 [J]. 经济管理 , 2011, 33（3）：108–113.

[148] 王佳欣. 游客参与对旅行社服务质量及游客满意度的影响：以京津冀地区为例 [J]. 地域研究与开发 , 2012, 31（2）：117–123.

[149] 黄子璇 , 孔艺丹 , 曹雨薇，等. 基于旅游质量中介变量的体育旅游中动机、期望与游客满意度关系研究 [J]. 地域研究与开发 , 2018, 37（6）：82–87.

[150] 汪恒言 , 姜洪涛 , 石乐 . 户外音乐节参与者体验和满意度对忠诚度的影响机制：以太湖迷笛音乐节为例 [J]. 地域研究与开发 , 2019, 38（6）：103–110.

[151] 徐宁宁 , 董雪旺 , 张书元，等. 游客积极情绪对游客满意和游客忠诚的影响研究：以江苏省无锡市灵山小镇拈花湾为例 [J]. 地域研究与开发 , 2019，38（4）：98–103.

[152] 王楠 . 旅游投诉与旅游服务质量 [J]. 天津市经理学院学报 , 2008（2）：13–14.

[153] 丁伟峰 . 从旅游投诉分析拉萨市旅游服务质量的问题及对策 [J]. 度假旅游 , 2018（3）：8–9.

[154] 姚小云 , 苏菲 . 从网络投诉看旅游服务质量提升路径选择：以张家界为例 [J]. 北方经济 , 2008（12）：63–64.

[155] 余忠发 . 基于 IPA 分析的青岩古镇景区游客满意度评价实证研究 [J]. 现代商业 , 2022（11）：62-66.

[156] 周文丽 , 王雨晨 . 旅游直播游客满意度影响因素及路径研究：基于 CCSI 模型 [J]. 长江师范学院学报 , 2022, 38（2）：11-19.

[157] 蒋梦莹 , 白祥 . 基于期望差异理论的喀纳斯游客满意度评价 [J]. 农业展望 , 2022, 18（2）：149-154.

[158] 胡彩丽 , 朱自飘 , 张华 , 等 . 森林康养游客满意度影响因素研究：以广州市石门国家森林公园为例 [J]. 林业与环境科学 , 2022, 38（1）：35-42.

[159] 罗青 , 刘春燕 , 秦金瑜 , 等 . 温泉旅游服务满意度研究：以宜春温汤镇为例 [J]. 市场论坛 , 2011（7）：78-80.

[160] 黄丽满 , 麦源升 . 基于五感理论的古村落旅游者感官体验研究：以广州小洲村为例 [J]. 绿色科技 , 2020（19）：168-169.

[161] 陈志钢 , 刘丹 , 刘军胜 . 基于主客交往视角的旅游环境感知与评价研究：以西安市为例 [J]. 资源科学 , 2017, 39（10）：1930-1941.

[162] 张宏梅 , 陆林 . 游客涉入及其与旅游动机和游客满意度的结构关系：以桂林、阳朔入境旅游者为例 [J]. 预测 , 2010（2）：64-69.

[163] 张欢欢 . 乡村旅游拉力动机及其与游客满意度、忠诚度的关系研究：以河南省信阳市郝堂村为例 [J]. 西北师范大学学报（自然科学版）, 2017, 53（4）：29-134.

[164] 董观志 , 杨凤影 . 旅游景区游客满意度测评体系研究 [J]. 旅游学刊 , 2005（1）：27-30.

[165] 王利鑫 , 王俊俊 . 基于因子分析法的运城舜帝陵景区游客满意度调查 [J]. 天津农业科学 , 2022, 28（4）：51-56.

[166] 方宇通 . 顾客感知服务质量评价方法的实证比较：对 SERVPERF 和 SERVQUAL 的再探讨 [J]. 宁波工程学院学报 , 2012, 24（4）：53-57.

[167] 谢彦君 , 吴凯 . 期望与感受：旅游体验质量的交互模型 [J]. 旅游科学 , 2000（2）：1-4.

[168] 涟漪 , 汪侠 . 旅游地顾客满意度测评指标体系的研究与应用 [J]. 旅游学刊 , 2004（5）：9-13.

[169] 王世涛，鉴恩惠．商业健身俱乐部品牌形象对顾客忠诚影响的研究：基于链式中介效应分析 [J]. 吉林体育学院学报，2022, 38（3）：14–21.
[170] 李纲，赵静怡，张玉．基于主观幸福感的大学生网约车乘客满意度和忠诚度研究 [J]. 山东交通学院学报，2022, 30（3）：46–54，101.
[171] 张双，李专，罗子月．农产品批发市场经营商户忠诚影响：机制及效应 [J]. 农业经济，2022（5）：133–134.
[172] 袁建琼，张璐璐．动机、经验和满意度对游客支付意愿和目的地忠诚度的影响：以张家界国家森林公园为例 [J]. 中南林业科技大学学报，2022, 42（2）：191–202.
[173] 韦福祥．顾客感知服务质量与顾客满意相关关系实证研究 [J]. 天津商业大学学报，2003，23（1）：21–25.
[174] 邹蔚菲．乡村旅游公共服务质量对游客忠诚度的影响研究：旅游目的地形象的中介作用 [J]. 新余学院学报，2020, 25（5）：12–19.
[175] 王永贵．服务质量、顾客满意与顾客价值的关系剖析：基于电信产业的整合框架 [J]. 武汉理工大学学报（社会科学版），2002, 15（6）：579–587.
[176] 夏宇，单国旗．服务质量、顾客价值和顾客满意对零售药店顾客忠诚影响的实证研究 [J]. 广东药科大学学报，2019（4）：551–555.
[177] 张菊香．生鲜电商冷链物流服务质量对顾客满意度的影响实证 [J]. 市场论坛，2022（3）：25–35.
[178] 王洪涛，丁豪，滕敏君．跨境电子商务服务质量对顾客忠诚度的影响：基于顾客信任的中介作用 [J]. 中国商论，2022（9）：51–54.
[179] 杜金声，张琦，谢钊，等．物流服务质量对顾客忠诚度的影响机制研究 [J]. 中国商论，2021（2）：14–16.
[180] 顾雅青，崔凤军．世界文化遗产地认知对游客满意度及忠诚度的影响——以杭州为例 [J/OL]. 世界地理研究，2022（5）：1–12. http://kns.cnki.net/kcms/detail/31.1626.p.20220511.1305.002.html.
[181] 范玉强，陈志钢，李莎．历史文化街区游客怀旧情感对游客忠诚的影响：以西安市三学街为例 [J]. 西南大学学报（自然科学版），2022, 44（4）：155–164.

[182] 周学军，吕鸿江．游客涉入情境下网红旅游目的地形象与游客忠诚的关系研究 [J]. 干旱区资源与环境，2022，36（1）：192–200.

[183] 许琦．农村观光旅游服务质量、游客满意度与游客忠诚度关系及实证研究 [J]. 哈尔滨商业大学学报（社会科学版），2013（4）：113–119.

[184] 王帅．网红风景区旅游服务质量测评与优化研究：以洪崖洞为例 [D]. 贵阳：贵州师范大学，2021.

[185] 刘洋．基于旅游投诉的永城市芒砀山景区旅游服务质量优化研究 [D]. 桂林：广西师范大学，2017.

[186] 谭勇．基于旅游投诉的长沙市旅游质量监管问题研究 [D]. 长沙：湖南大学，2012.

[187] 卓淑军．基于旅游投诉的旅游服务质量监管问题研究：以张家界市为例 [D]. 长沙：湖南师范大学，2015.

[188] 黄俊涛．旅游演艺服务质量对游客忠诚度影响研究：以桂林千古情为例 [D]. 桂林：桂林理工大学，2019.

[189] 李春萍．共享经济服务质量、游客情绪体验与忠诚度关系研究 [D]. 西安：西安外国语大学，2018.

[190] 文彬．旅行社服务质量与游客忠诚度的关系研究：中国游客旅泰视角 [D]. 天津：天津师范大学，2020.

[191] 黄爱云．服务质量对游客满意度和忠诚度的影响研究：以西爪哇温泉旅游为例 [D]. 桂林：广西师范大学，2020.

[192] 杨杨．乡村徒步旅游服务质量对游客忠诚的影响研究 [D]. 广州：华南理工大学，2012.

[193] 李笑涵．电商物流服务质量对顾客忠诚度的影响研究 [D]. 北京：北京建筑大学，2021.

附录 1 森林康养旅游发展的国际经验

虽然我国的森林康养产业在近几年得到较快的发展，但相对发达国家来说，我国的森林康养产业无论在理论层面还是项目操盘运营等实践层面，都处于起步阶段，需要向发展比较好的国家进行学习和借鉴。

一、森林医疗型的德国模式

（一）德国森林康养概况

德国最早开始关注预防疾病、保持身体和心理健康的研究。德国是森林康养产业的鼻祖。森林康养最早起源于 19 世纪 40 年代的德国，巴特·威利斯赫恩镇创立了世界上第一个森林浴基地。1962 年，德国科学家 K.Franke 发现人体在自然环境中会自觉调整平衡神经，恢复身体韵律，认为清新的空气以及树体、树干散发出来的挥发性物质，对支气管哮喘、肺部炎症、食道炎症、肺结核等疾病疗效显著。截至目前，在德国全境，约有 350 多个获得批准的森林疗养基地。20 世纪 80 年代，森林康养作为基本国策，被纳入德国的医疗保障体系，也就是说，该国公民到森林公园花费的各项开支，都可列入国家公费医疗的范围。

在德国，森林康养被称为“森林医疗”，重点在医疗环节的健康恢复和保健疗养，并且作为一项基本国策，强制性地要求德国公务员进行森林医疗。随着森林医疗项目的推行，德国公务员的生理指标明显改善，健康状况大为好转。有关资料显示，德国在推行森林康养项目后，其国家医疗费用总支出减少30%，每年可节省数百亿欧元的费用，同时德国的国家健康指数总体上升了30%。此外，森林医疗的普及和推广，还带动了就业的增长和人才市场的发展。巴特·威利斯赫恩镇60%~70%的人口，从事着与森林康养有密切关联的工作，极大地推动了该镇住宿、餐饮、交通等的发展。

在德国，森林康养产业的发展，不仅带动了住宿、餐饮、交通等的发展，还催生了康养导游、康养师、康养治疗师等职业。在产业发展中，德国还形成了一批极具国际影响力的产业集团，如高地森林骨科医院等。

德国的森林疗养发展模式具有两个特点：一是森林疗养偏重于治疗功效，森林疗养课程已被纳入了医疗保障体系，经医生开具处方后，患者进行森林疗养是不需要额外支付费用的；二是在森林经营过程中，以疗养为主导功能的定位清晰。

（二）典型案例：德国黑森林康养基地

德国提出“森林向全民开放”的口号，规定所有国有林、集体林和私有林都向游客开放。目前德国有350余处森林疗养基地，年游憩者近10亿人次，占德国旅游收入的67%以上。其中，贡献较大的当数全球知名的黑森林康养基地。

黑森林位于德国西南部，占地约11 400平方千米，因林区森林密布且为德国最大的山脉，从远处望去呈现黑压压的一片，因而得名“黑森林”。这里除了拥有浓密的森林，还有滴滴湖等美丽的湖景、天然的温泉资源和顶尖的葡萄酒产区等。

1. 结合区域自然资源特征，进行合理的景区规划

黑森林占地面积较大，因地理差异，从南至北树林的浓密程度不同，北部主要为由松树和杉树组成的原始森林，南部多为山间草地。基地根据地形特色、景观资源对各区域进行了多样化的规划，包含具有疗养功能的康养森林、多样化的休闲村庄、多功能水疗中心和葡萄酒庄园等。产品形态丰富，且促进了康养产业与当地其他的产业融合。

2. 文化元素加持，营造项目特色

黑森林地区有着深厚的历史积淀，如黑森林布谷钟从1880年传承至今，已成为黑森林地区的特色产物，为游客来黑森林必须体验的手工艺品。此外，黑森林西部和南部都有德国顶尖的葡萄酒产区，最著名的是莱茵河下游的巴登产区。这里葡萄种植历史悠久，土壤富含许多矿物质的火山灰，特别适合黑皮诺、灰皮诺的生长。品味美酒也是游客来到黑森林必须拥有的美好体验。

3. 迎合不同消费需求的产品分级

在德国，森林康养几乎全面普及。面向大众消费者，德国黑森林康养基地针对不同消费层级的人群设计不同的森林康养项目。例如，住宿上除了乡村民宿酒店、公寓、林间小屋和私家农舍，还设有高标准的酒店，设有高尔夫、骑马、山地车等项目，游客可以根据喜好和消费水平选择。餐饮除了设有特色餐馆，还引进世界知名的甜品、餐饮品牌，如米其林星级的顶尖餐厅、音乐餐厅或家族餐馆等。

（三）巴登巴登小镇

巴登巴登小镇既是世界著名的文化遗产小镇，也是德国重要的森林康养小镇，位于黑森林国家公园的西北角，小镇的森林土地覆盖率约为3%，人口约5.5万人。

根据经验，小镇完善的“防、养、治”的康养体系、丰富的休闲文化设施、个性化的康养产品体系是其成功发展和良好运营的重要条件。

1. 依托绿色自然环境，构建以预防和保健为主、以治疗为辅的康养体系

巴登巴登兼有悠久的历史文化和丰富的自然森林资源，在小镇中康养者可同时享受森林浴、温泉浴和心理调节。通过欣赏美景、品尝美食、聆听音乐、呼吸遍地芬芳等获得视觉、味觉、触觉、嗅觉、听觉五感的洗礼和放松。徜徉于这座历史积淀与现代创新共同孕育的小镇，陶冶于人文艺术与自然美景中，运动与休憩动静结合，达到身心和谐。小镇同时配以众多的特色诊所，采用先进的医疗技术，康养者可接受由内至外的全方位疗养服务。

2. 依托良好旅游资源，构建度假、康养特色的文化休闲中心

巴登巴登有完善的旅游度假服务设施，拥有国际赛马会、世界舞蹈晚会、国际会议展览。尤其是森林疗养的特色功能，使巴登巴登成为精英和高端人士的休闲和度假中心、欧洲沙龙音乐的中心、欧洲的文化和会议中心。巴登巴登既是一个康养小镇，也是一个文旅小镇、度假小镇。

3. 针对不同需求，构建旅游、康养综合型产品体系

针对不同年龄的人群打造具有针对性的休闲服务设施。为儿童提供水上乐园；为中青年提供从徒步到跳伞、各个级别强度的运动及休闲；为老人提供贴心医疗水疗服务及美食和历史文化知识相结合的慢节奏小镇游览。针对不同群体，为个人、双人和多人家庭提供多种选择的套餐，包括饮食、住宿、SPA 等项目。针对不同目的，为患者提供小镇疗养治愈，游客可免费申请游客卡，享受优惠待遇，为参加会展人士、商务人员设计娱乐休闲产品。

（四）巴登沃里斯霍芬森林疗养公园

德国巴伐利亚州的巴登沃里斯霍芬森林疗养公园，有很多功能各异的森林疗养设施，有让人脑洞大开的，也有让人目瞪口呆的。

1. 赤足步道

准确地说，赤足步道并不是一条道路，它是用特殊标记形成的路线。访客可以沿着赤足步道的标记，一会儿走草坪，一会儿横穿柏油路，一会儿走沙土路，时不时还需要走过泥潭，蹚过小溪。不走寻常路的感觉一定会让游客留下深刻的印象，不过这条赤足步道是为了刺激五感，帮助游客放松下来。赤足步道是环行步道，总长 1 500 米，它几乎连接了疗养公园内的所有重要设施，访客可以在起点位置存好鞋子，返回后也有条件清洗脚部。

2. 枝条浴

当地人用一种特殊树木的枝条，堆成了塔形建筑，从顶部淋下含盐的水，水滴经过层层的树枝化为水雾。塔身里和塔身外设有座椅，访客可以悠闲地坐下来，据说枝条浴可以增加空气负氧离子含量和模拟海滨空气成分，改善游客的肺功能。

3. 负氧离子浴

如果不喜欢含盐的枝条浴，疗养公园的入口处还有一处负氧离子浴场，浴场内以高大的暗针叶林为主，通过人工瀑布和喷泉来增加空气的负氧离子含量。长椅就在瀑布旁边、浓荫之下，坐在这样的长椅上休养，是康复患者的首选之地。

4. 水浴

腿部浴和肘部浴设施是克奈圃疗法的标配，在巴登沃里斯霍芬有23处这样的室外水疗设施供游客免费使用，所使用水均为活水。疗养公园的水浴，除了腿部浴和肘部浴设施，还有类似于“水灸”和沙石浴的设施。这些设施虽然看似简单，但使用起来却颇为讲究，比如一种腿部浴的要点是必须高抬腿踏步，抬起的脚要离开水面。

5. 洗浴

黑乎乎的草炭土泥巴，动物圈舍一样的外墙，还有若干被踩过的脚印，不过这可是很多人的最爱，黑色容易吸热，泥潭可能还会有特殊营养成分，脚丫在温暖柔软的泥巴中，一定可以找到小时候捉泥鳅的感觉。

二、美国

美国是一个森林资源极为丰富的国家，也是世界上最早开始发展养生旅游的国家之一。美国的林地面积占到其国土总面积的30%以上，约有2.981亿公顷。目前美国人均收入的1/8用于森林康养，年接待游客达到约20亿人次。美国的森林康养场所通过提供富有创新和变化的配套服务，以及深度的运动养生体验来吸引游客，并能够实现集旅游、运动、养生于一体的综合养生度假功能。

为了有效保护森林资源，维护森林健康，保持生物物种多样性，维持生态系统的可持续和稳定发展，同时使森林能够保持健康的、适合被开发利用的状态，美国林务局（US Forest Service）一方面努力通过投入大量资金和制定严格的标准来防治病虫害；另一方面组建了森林保健技术企业队（forest health technology enterprise team）来保护和管理森林资源。

森林保健技术企业队归属于州有和私有林综合管理部门，按照规定，它的主要工作职责包括利用综合评价模型，适时定量调整资源管理计划和森林管理的整个过程；开发和研究决策支持系统，改进决策方法；促进森林保健信息的宣传，推广森林保健产品；完善技术开发项目管理，提供有效的指导和技术转让；提供更专业的技术，减少农药对环境的污染；全面掌握农药在防治非目标病虫害、影响生态系统等方面的效果；设计和研发喷洒模拟模型，提高和改进释放系统等。

三、日本森林康养

（一）日本发展概况

相较于欧美发达国家，日本的森林康养起步稍晚。由于日本森林资源丰富，森林覆盖率高达68%，且政府加快开展相关科研及实践工作，日本的森林康养产业发展迅速且相对规范。

1982年，日本林野厅长官的秋山智英最先提出“森林浴”的概念，即森林大气中存在杀菌、消炎及其他预计对人体具有治疗保健功效的物质；2004年，日本林野厅出台《森林疗法基地构想》；2006年，日本成立森林养生学会，开始森林环境与人类健康相关性研究工作；2007年成立日本森林医学研究会，建立了世界首个森林养生基地认证体系。目前，日本已认证62处森林疗法基地。

日本还专门成立了森林医学研究会。研究会的成立和发展，丰富了森林康养的理论研究，加快了产业实践发展，成效十分显著。在短短的几年时间内，日本成为世界上在森林健康功效测定技术方面最先进、最科学的国家，且已建立完备的森林疗养基地认证及专业人员资格认证制度，相关森林疗养理论和实践的研究水平世界领先。日本有一套官方的森林疗养认证标准体系，认定包含三个层面，即基于数据的医疗评价体系、软件方面（文化、历史、饮食、温泉等）和硬件方面（住宿设施、医院、疗养路线等）。

此外，日本还制定了严格的森林疗养基地认证制度和森林疗养师资格考试制度，森林疗养场所和参与人员得到了规范化，森林疗养取得了快速发展。森林疗养基地主要认证人员包括森林疗法向导和森林理疗师。森林疗法向导是指为提升森林浴效果，引领游客进行现场散步与运动的向导，通常面向当地居民招募，旨在为当地提供就业岗位。该职业资格采用网络教学方式，并提供电子化资格证书。通过森林疗法向导资格考试之后，学员可以申请森林理疗师执业资格考试。森林理疗师的要求更为严格和专业，不仅需要掌握森林医学的技能，了解林学、生态学、森林药学和心理学知识，掌握急救等安全保障技能，还需有健康与心理方面的专业知识，以及较高的沟通能力，并能对森林疗法者提供高质量的保健项目，对森林疗法的实践活动加以指导。

日本森林疗养与德国森林疗养不同之处主要表现为以下三个方面：一是森林疗养偏重于预防功效，社会对通过森林疗养预防生活习惯并认可度高；二是通过森林疗养缓解压力的研究水平世界领先，森林疗养课程已相对固定化；三是建立了完备的森林疗养基地认证制度和森林理疗师考核制度，森林疗养管理工作非常规范。

（二）日本森林疗法基地的产品体系

森林康养基地以提供丰富的森林旅游产品为主要盈利方式，通常有森林漫步、森林向导陪游、越野式森林漫步、森林健身项目、森林瑜伽气功以及自立训练法、森林芳香疗法、森林体验项目、植树体验项目、健康乡土药膳料理、温泉疗养、健康讲座、医疗检查与专家建议等产品，其中以森林漫步、森林向导陪游及医疗检查最受游客欢迎。调查显示，日本的森林旅游产品价格多数为5 000~8 000日元。

（三）日本森林疗法基地的人才体系

在日本的森林疗法基地里，尤为重要的两个角色便是森林疗法向导和森林理疗师。这两个岗位均需通过专业的资格认证。森林疗法向导的主要职责是引导游客进行散步和活动，向导可由当地居民担任，在一定程度上缓解了当地的就业压力。

相对来说，森林理疗师的门槛较高。他们不仅要掌握森林医学的技能，了解林学、生态学、森林药学以及心理学知识，还要掌握急救等安全保障技能。此外，他们还需要具备较强的沟通能力。

（四）成功经验

日本森林康养产业之所以能够获得快速的发展，有三项措施起到关键性的作用。

1. 制定统一的森林浴基地评价标准

为建立严格的行业准入机制，日本政府与相关机构一起，在深入研究和广泛征求意见之后，制定了一套科学、全面、统一的森林浴基地评选标准，并在全国范围内推行，以此来有序有效地促进森林保健旅游开发。该评价标准包括两个方面，即自然社会条件和管理服务，从中又细化出 8 个因素，共有 28 项评价指标。

2. 大力加强森林浴基地建设

森林医学研究会甫一成立，就划定了 4 个与森林康养相关的主题，在全国范围内推广森林浴基地和步道建设。截至目前，先后共审批了森林浴基地和疗养步道 44 处，这些基地和步道几乎遍及日本的所有县市。

3. 强化专业人才的培养力度

从 2009 年开始，日本每年组织一次"森林疗法"验证测试，报名参加考试者众多。根据测试结果，通过最高级的考试者，可获得森林疗法师或森林健康指导师的从业资格；通过二级资格的，可从事森林疗法向导工作，来推进森林浴的发展。

（五）典型案例：日本 FuFu 山梨保健农园

FuFu 山梨保健农园位于日本山梨市山区，海拔差异明显、植被丰富，项目总占地约 6 万平方米（不含周边山林），是日本知名的森林疗养基地。项目以酒店为载体，以基地内的药材花园、农田、果园及周边丰富的森林资源为基础，在先进的日式森林疗养理念的指导下，为客户提供特别的森林康养体验。

FuFu 山梨保健农园的酒店住宿部仅有 13 间房，45 张床位，设置两天一晚、三天两晚和长住三种类型以及一日游的产品。农园采用预约制，一昼夜的人均消费约 2 万日元，费用涵盖健康管理服务及相关课程服务费。项目主要面向日本中高端客户群，年收入可达约 9 600 万日元。和睿总结了三点该项目的可借鉴之处。

FuFu 山梨保健农园娱乐及康体配套设施完善，增加客户游玩趣味。项目内除设置酒店客房外，还打造了丰富的游玩及康体配套供入住客户免费使用，如瑜伽教室、健身房、阅览室、观星台、心理咨询室、按摩室等。

项目设置丰富的特色课程和服务，为客户提供充实的康养体验。FuFu 山梨保健农园的课程包含套餐课程、实践课程和可选课程。其中套餐课程面向所有到访客户免费；实践课程面向入住超三天两晚的客户免费，其余客户需额外缴纳费用；可选课程由客户自选，按需付费（附表 1–1）。

附表1–1　FuFu山梨保健农园课程及服务内容

课程类型	课程名称	服务内容
套餐课程（面向所有到访游客）	晨课 /60 分钟	晨课包括唤醒瑜伽、坐禅、林间散步等不同内容，客户可以自行选择
	晚课 /60 分钟	晚课包括健身球锻炼、围炉夜读等课程
实践课程（对入住即超过三天两晚的游客开放）	森林作业 /120 钟	根据季节不同，森林和农事体验课程不一样，有翻地、间伐、种菜等
	田园料理 / 午前 120 分钟	体验田园料理的乐趣，如用当地产的巨峰葡萄做果酱，柿子做柿子饼等
	观星 / 晚上 60 分钟	观星台设有天文望远镜，可夜观星空
可选修课程（客户自选，有偿提供）	森林浴	森林理疗师带领客户感受森林疗养步道的自然治愈力
	小楢山徒步郊游	从保健农园出发，一直走到海拔 1 713 米的小楢山，然后从山顶远眺富士山。整个步行线路耗时约 5.5 个小时
	芳香疗愈	体验者可以在药草花园采摘芳香植物蒸馏精油；芳香疗师会根据体验者的体质，调配精油，并给出健康管理意见；还提供后背和足底按摩服务
	健康管理	配备进口设备，轻松测定自律神经平衡，并当场打印评估报告
	一对一心理咨询	心理咨询师会通过冥想治疗等方式，提供专业的解决方案

项目配备具有专业资质认证的服务人员，保障服务专业化。日本对于森林康养方面专业人才的培养十分重视，从 2009 年开始，每年组织一次森林疗法验证测试，为森林康养产业输送专业人才。FuFu 山梨保健农园与 14 位森林疗养师、芳香疗养师、心理咨询师、瑜伽师和按摩师等签订长期合作协议，保障课程的科学性及服务的专业性。

四、韩国

（一）概况

韩国于1982年提出建设自然修养林，2005年制定了《森林文化·修养法》，并成立了国立自然休养林管理所。目前韩国拥有比较完善的森林疗养基地标准，以及相对应的森林疗养服务人员等级培训及资格认证体系。韩国的疗养林通过分级管理体系进行运营，从而能够为民众提供多样化、系统化的森林疗养基地。具体来说，管理层级包括国立（山林厅）、公立（地方政府）和私立（个人、法人），其中国立和公立疗养林免费向公众开放。韩国为构建可量身打造的森林福祉服务体系，专门设立了森林福祉振兴院对森林疗养林进行运营。

韩国的森林疗养起步较晚，但是发展迅速，其森林疗养发展模式具有三个特点：一是专门为森林疗养立法，成立了专门管理机构，森林疗养基地建设和运营管理均由国家出资，政策和机构保障实施得好；二是森林疗养偏重于保健功效，建立了服务幼儿、中小学生、成年人和老年人等各年龄段的森林讲解体系；三是预约制入园，公众参与热情高，通常一票难求，经营管理工作做得非常好。

山阴疗养林，位于京畿道杨平郡的国立山阴自然休养林内，面积约为2 140公顷，拥有面积广阔、物种丰富的森林资源及充沛的水资源和河流，自然景观秀美，其中山阴疗养林运营管理面积为56公顷。山阴疗养林针对不同年龄和需求的人群进行市场细分，采用“全年龄疗养模式”，完整地对应和具化了市场需求，让每个年龄段的人都可以享受到专属的森林疗养项目。山阴疗养林是一座位于山峰之间深谷中的休养林地，以温带中部地区的针叶树、天然阔叶树为主，是韩国国立山林厅经营的“治愈之林”（健康增进中心）。建有健康促进中心1栋，疗养林路1.5千米，赤脚体验路和自然疗养庭院等；服务对象主要为首尔等首都圈的近距离游客，运营时间是9点至18点。

（二）经验总结

“硬件基础+标准化（认证体系）、专业化（专业人才）的管理体系”

是康养基地良性运营的重要保证。硬件设施是康养基地运营发展的基础，包含自然资源和基础设施。自然资源方面不仅要有广阔的林地，还要有多样性的自然资源如森林、花园、农田、果园草地等，以满足不同游客或患者的不同需求。基础设施方面不仅包括酒店、步道、展览馆、各类活动中心、活动教室，而且包括交通基础设施，以增强康养基地的可利用性。管理体系是康养基地良性运营并持续发展的核心要素，主要具有标准化、专业化、个性化和便民化四个特征。

第一，标准化。日本和韩国为森林康养产业的后起之秀，二者均建立了完备的森林“疗养基地认证制度”，设置了产业建设标准，从而规范了行业及市场，减少了市场恶意竞争和低水平服务情况。

第二，专业化。日本和韩国均设立森林疗养服务人员等级培训和资格认证体系，这就保证了产业从业人员的专业性，从而促进了康养服务的科学性、严谨性和治疗的效果及安全性，能够更好地达到治疗和休闲效果、满足民众需求。

第三，个性化。针对不同人群的不同需求，为游客、患者提供个性化的定制服务，能够帮助不同需求的客人实现深度的康养体验，进而达到彻底放松身心和疗养休闲的目的。

第四，便民化（政府角度）。政府支持是促进“全民康养”的重要保证，包括将康养治疗纳入国民医疗体系，只要经医生认证便可免费申请；分级管理的运营机制为全部民众提供免费的公立康养基地。

五、新西兰

新西兰也是世界上开展森林游憩较早的国家之一。从1919年第一任林务局长倡导森林游憩至今可分为四个阶段，即1919~1939年为创始阶段；1939~1942年为停滞阶段；1942~1975年为创建和发展阶段；1975年至今为发展成熟阶段。现在，新西兰有65%的森林用于森林游憩活动，它的森林经营也一直遵循美国的多用途管理模式。1983年，新西兰出版的《林务局的游憩政策》一书，列出了森林游憩的主要目标和内容为：①允许公众进入和享受国有森林；②为公众提供广泛的游憩机会；③提高新西兰公众对新西兰林业和森林的意识和理解；④维持和美化森林景观；⑤发展森林游乐区。这些政策使新西兰的森林游憩稳步健康发展。

六、其他典型案例

（一）英国 Center Parcs——功能复合型开发模式

1. 概况

Center Parcs 森林度假村网络运营商，Center Parcs 品牌在欧洲共拥有 20 家度假村，其中总部位于英国的公司 Center Parcs UK 负责在英国运营度假村，而兄弟公司 Center Parcs Europe 负责在荷兰、法国、比利时、德国和英国运营多个度假场所。

2. 特色

Center Parcs 片区主要由住宿设施、水世界、自然环境、各种活动和商业五大板块构成，满足不同人群的森林休闲需求。

3. 经验借鉴

设计要求和功能服务必须是国际化水准，只有这样，才能在产品打造之初便旗帜鲜明，并与周边产品形成差异。通过生态化的生活品质和人性化的设计理念，让这里成为老年养老、中年养生、青少年健身的理想度假居住场所。

（二）苏格兰加洛韦森林公园——单一主体型开发模式

1. 概况

加洛韦公园是英国乃至欧洲第一座被授予“暗夜公园”荣誉称号的公园，并是世界上 4 座获得这一称号的公园之一。国际暗夜协会（International Dark-Sky Association）的这项奖励，承认了这个地区的夜空质量，这里的光污染情况最轻。漆黑的夜空使人们很容易看到银河和仙女座等遥远的星系。迄今为止，世界上只有 4 座暗夜公园，另外 3 座分别是犹他州天然桥国家保护区（natural bridges national monument）、宾夕法尼亚州的樱桃泉国家公园（cherry springs state park）和俄亥俄州的格奥加公园（Geauga Park）。

2. 特色

Center Parcs 片区主要由住宿设施、水世界、自然环境、各种活动和商业五大板块构成，满足不同人群的森林休闲需求。

3. 经验借鉴

①将某个单一主题做到极致；②积极获得组织协会的认同；③与专项旅游体验活动深度结合。

（三）尼泊尔奇旺森林公园——地域特色型开发模式

1. 概况

奇旺森林公园位于尼泊尔首都加德满都120千米的雷普提谷地，是尼泊尔最大的野生动物园，也是亚洲最大的森林公园之一。因为政府明令禁止捕杀动物，这里便成了大象、犀牛、鳄鱼们的天堂。森林中，翠蓝色的羽翼鸟在褐色树杈的衬托下分外醒目，孔雀悠闲地在草地上漫步，鳄鱼趴在岸边四处张望，红嘴鹳在离泽鳄五六米的地方饮水。沿公园内的河流一路漂流而下，不长的距离和时间里，可能看到了不下十种鸟类。据统计，在奇旺森林公园生活有五百多种鸟类，多为西伯利亚越冬而来的候鸟，每年三月过冬的鸟儿尚未飞走，而夏季的候鸟又都飞来了，来来往往，此起彼伏。

2. 特色

大象驿站是公园最受欢迎的地方。从高高的台子上跨进大象背上的背栏，每头大象上可坐四个人，骑着大象出巡，体验居高临下一览无余的气势。最重要的是可以走进车子无法进入的区域，还不会惊扰那些密林深处的动物，同时所有的动物，包括犀牛都怕大象，坐在大象上能带来更多的安全感。

3. 经验借鉴

尼泊尔的异域风情为自然风景注入文化和地域特色。以营地为主的功能设施布局，整个公园分布有三十多个营地，拒绝钢筋混凝土以及大体量建筑的进入，保留了最自然的森林景观。特色交通工具——大象驿站，为游客带来绝无仅有的全新体验。

（四）芬兰努克西奥森林公园——季节主题型开发模式

1. 概况

努克西奥森林公园位于艾斯堡市郊，与首都赫尔辛基近在咫尺，面积42平方千米，适合游客游览大都会之余，亲历自然林野。努克西奥是粗糙山石与绿树的结合产物，位于橡树森林与北极南部森林间地带，具有典型的季候变化特征。公园范围内随处可见冰河时期形成的沟壑峡谷，嶙峋的山石上长满地衣和松树，部分山峰高度海拔达110米，丘陵森林间保育有木百灵鸟等濒临绝种的鸟类。林间不时有小松鼠出没，那些从高树上靠张开手脚间毛皮做滑翔制动的松鼠，其形态得以可爱，非常讨人喜欢，努克西奥就是以这些精灵为公园的标志。

2. 特色

以冰川、湖泊和林地为主的原始森林景观。空气含氧量极高，为天然大氧吧；夏秋季节公园里长满了野生的蘑菇和蓝莓，人们可以随意采摘。春冬季节，滑雪极为盛行。

3. 经验借鉴

以不同的季节项目交错，夏季以氧吧、避暑为主题，冬季则主打滑雪胜地，实现不同季节间的互补和衔接，打造四季均衡的休闲平台。整合各类产业，避免区块破碎化，注入文化内涵，打造文化复合型产业示范区。

七、经验总结

国外森林康养产业发展的经验表明，发展森林康养行业，需要从以下四个方面着手。

1. 建立规范的行业机制

对于各类新兴产业和朝阳产业而言，在最开始的发展阶段，普遍面临的问题就是缺乏规则、目标和方向，造成市场秩序混乱，最终影响整个行业的发展。基于产业前景和前车之鉴，为避免一哄而上、滥竽充数、重走“粗放—再精细化”的老路等情况的发生，必须从一开始就树立走精品之路的观念。政府及行业主管部门要积极主动构建严格的准入机制，制定规范的行业标准体系。森林康养基地作为森林康养产业发展的核心平台和载体，需要具备一系列基本条件，如优越的自然环境、舒适的游憩条件、良好的养生设施等。应根据森林康养资源的丰富程度、交通状况的便捷程度、健康指标的改善程度、医疗保健资源的储备程度和物质保障供给程度等指标，对基地进行评级和分类。

2. 推动全国森林康养基地建设

继续在全国选取一批资源丰富、产业基础好、基础设施完善的区域，分阶段、分区域建设一批森林康养基地，紧紧围绕服务高端、以人为本的理念，对服务内容和服务项目进行有效整合，促进森林生态康养基地的建设和发展，形成养生、养老服务的综合集成平台，打造一批具有区域特色和国际影响力的森林康养基地。加强对森林康养基地试点建设的评估，严格按照标准进行验收，对于不合格的康养基地予以一定时间尽心整改，整改不成的，撤销森林康养基地试点头衔。在全面考量森林康养基地优质资源、潜在游客目标市场的基础上，依托优良的森林康养环境，开发一批森林康养体验活动项目，增加游客参与森林康养活动的积极性，提高游客体验的愉悦感和满意度。依托城市在政治、经济、文化、教育、医疗、交通等方面所具备的基础优势，强化或完善其集散、培训、会务、医疗、康体、娱乐等功能，建设一批全国性的森林生态休闲康养中心基地。

3. 鼓励森林康养重点产业发展

在借鉴国外有益经验的基础上，我国的森林康养不仅要有差异化发展的定位，更要用“互联网 +”实现抱团发展，做大做强森林康养产业。要鼓励和支持森林康养重点产业的兴起和发展，重点发展生态休闲旅游业、康养房产业、康养医疗与健康管理业、康养教育培训业、康养文化业、生态养生农林业、康养用品制造业七大产业。每项重点产业均应围绕高端精细的目标瞄准方向，找准市场，如康养医疗与健康管理业。一是要以现有综合医疗、健康管理组织为依托，重点针对亚健康群体、康复人群和患病群体，建立健全康养医疗健康服务体系；二是要面向所有群体，提供高水平、个性化、方便快键、体贴周到的服务。

4. 加大森林康养业人才培养

人才是森林康养产业服务质量的保障和前提，也是提升行业形象的核心竞争力。目前就我国而言，究竟如何培养森林康养产业人才，尚无明确的模式。

（1）要加快康养教育培训业建设

大力开展高校教育和科研基地、中等职业教育和培训基地、国家级康养研究基地、全国性康养讲坛建设，逐步打造休闲康养教育培训产业，构筑高层次的休闲养生科研教学平台，培养一批真正热爱森林康养业、胜任森林康养业有关工作、能够促进森林康养业发展的专业人才和从业人员。

（2）建立森林解说和健康治疗师认证体系

在从业人员资格认证和培训体系方面，要充分借鉴日本的成功经验，建立健全森林疗养服务人员资格制度和培训机制，定期和不定期开展培训和考核，提供科学、有效的森林养生康复指导。

附录2　森林康养旅游服务质量调研问卷（初始）

尊敬的游客：

您好！非常感谢您在百忙中填写该调查问卷，本调查旨在了解您对森林康养旅游服务质量的评价。我们将对调查结果进行分析，提出对策建议，为森林康养旅游景区服务质量提供参考。调查结果仅供学术研究使用，我们对您的回答将严格保密，真诚感谢您的大力支持与合作。

第一部分　森林康养旅游试点建设基地服务质量评价

此部分旨在了解您对森林康养旅游景区提供的服务质量评价，请您分别圈选出适当的分数：非常同意5分，同意4分，一般3分，不同意2分，非常不同意1分。分数越高代表服务水平越高。

维度	题项	实际感知服务质量				
		非常不同意	不同意	一般	同意	非常同意
有形性	服务设施完善，设计美观	1	2	3	4	5
	服务人员穿戴整齐、仪表得体	1	2	3	4	5
	森林康养文化景观保存和维护状态完好	1	2	3	4	5
	森林康养文化展现方式新颖（如展览、电视解说）	1	2	3	4	5
	森林康养解说系统完善	1	2	3	4	5

续表

维度	题项	实际感知服务质量				
		非常不同意	不同意	一般	同意	非常同意
可靠性	景区内环境整洁卫生	1	2	3	4	5
	服务设施齐全，安全可靠	1	2	3	4	5
	景区对外宣传与景区实际相符合	1	2	3	4	5
	服务人员能及时完成对游客承诺的服务	1	2	3	4	5
保证性	员工是值得信赖的	1	2	3	4	5
	在从事交易时顾客会感到放心	1	2	3	4	5
	员工是有礼貌的	1	2	3	4	5
	员工可以从公司得到适当的支持，以提供更好的服务	1	2	3	4	5
响应性	工作人员随时乐意帮助游客	1	2	3	4	5
	工作人员能及时处理游客投诉	1	2	3	4	5
	工作人员准确回答游客咨询问题	1	2	3	4	5
	购票、游览过程中等候时间短暂	1	2	3	4	5
移情性	工作人员能为游客提供个性化服务	1	2	3	4	5
	景区工作人员会主动提供帮助	1	2	3	4	5
	景区为特殊游客群体（如老、弱、病、残）提供专用通道和设施	1	2	3	4	5
	游客能感受到景区的关怀	1	2	3	4	5
	景区开放时间符合所有游客的需求	1	2	3	4	5
	游客认为景区能满足自己的森林康养需求	1	2	3	4	5

第二部分　游客满意度

编号	题项	非常不满意	不满意	一般	满意	非常满意
1	总体而言，您对本次森林康养旅游的满意程度	1	2	3	4	5
2	实际感受与期望相比，您的满意程度	1	2	3	4	5
3	实际感受与理想水平相比，您的满意程度	1	2	3	4	5
4	对于森林康养旅游服务质量，总体是满意的	1	2	3	4	5

第三部分　游客忠诚度

编号	题项	非常不同意	不同意	中立	同意	非常同意
1	您将来还会再次游览森林康养旅游景区	1	2	3	4	5
2	您会向他人介绍森林康养旅游的正面信息	1	2	3	4	5
3	您愿意将来在该景区消费	1	2	3	4	5
4	您会向亲朋好友推荐森林康养旅游景区	1	2	3	4	5

第四部分　您的基本资料

1. 您的性别是：

□男　　　□女

2. 您的年龄：

□ 18 岁以下 □ 18~30 岁 □ 31~40 岁

□ 41~55 岁 □ 56 岁以上

3. 您的学历：

□初中及以下 □高中 / 中专 / 技校 □大专 □本科 □硕士及以上

4. 您的职业：

□工人 □农民 □事业机关干部 □个体经营者 □商业企业公司职员

□学生 □军人 / 警察 □教师 / 科技人员 □离 / 退休人员 □其他

5. 您现状的月收入：

□ 3 000 元以下 □ 3 001~5 000 元 □ 5 001~8 000 元

□ 8 001~10 000 元 □ 10 001 元以上

6. 您来森林康养旅游景区的次数：

□ 1 次 □ 2~4 次 □ 5 次及以上

附录3 森林康养旅游服务质量调研问卷（正式）

尊敬的游客：

您好！非常感谢您在百忙中填写该调查问卷，本调查旨在了解您对森林康养旅游服务质量的评价。我们将对调查结果进行分析，提出对策建议，为森林康养旅游景区服务质量提供参考。调查结果仅供学术研究使用，我们对您的回答将严格保密，真诚感谢您的大力支持与合作。

第一部分 森林康养旅游试点建设基地服务质量评价

说明：此部分旨在了解您对森林康养旅游景区提供的服务质量评价，请您分别圈选出适当的分数：非常同意5分，同意4分，一般3分，不同意2分，非常不同意1分。分数越高代表服务水平越高。

维度	题项	实际感知服务质量				
		非常不同意	不同意	一般	同意	非常同意
有形性	服务设施完善，设计美观	1	2	3	4	5
	服务人员穿戴整齐、仪表得体	1	2	3	4	5
	森林康养文化景观保存和维护状态完好	1	2	3	4	5
可靠性	景区内环境整洁卫生	1	2	3	4	5
	服务设施齐全，安全可靠	1	2	3	4	5
	景区对外宣传与景区实际相符合	1	2	3	4	5
	服务人员能及时完成对游客承诺的服务	1	2	3	4	5

续表

维度	题项	实际感知服务质量				
		非常不同意	不同意	一般	同意	非常同意
保证性	员工是值得信赖的	1	2	3	4	5
	在从事交易时顾客会感到放心	1	2	3	4	5
	员工是有礼貌的	1	2	3	4	5
	员工可以从公司得到适当的支持，以提供更好的服务	1	2	3	4	5
响应性	工作人员随时乐意帮助游客	1	2	3	4	5
	工作人员能及时处理游客投诉	1	2	3	4	5
	工作人员准确回答游客咨询问题	1	2	3	4	5
	购票、游览过程中等候时间短暂	1	2	3	4	5
移情性	工作人员能为游客提供个性化服务	1	2	3	4	5
	景区工作人员会主动提供帮助	1	2	3	4	5
	景区为特殊游客群体（如老、弱、病、残）提供专用通道和设施	1	2	3	4	5
	游客能感受到景区的关怀	1	2	3	4	5
	景区开放时间符合所有游客的需求	1	2	3	4	5

第二部分　游客满意度

编号	题项	非常不满意	不满意	一般	满意	非常满意
1	总体而言，您对本次森林康养旅游的满意程度	1	2	3	4	5
2	实际感受与期望相比，您的满意程度	1	2	3	4	5
3	实际感受与理想水平相比，您的满意程度	1	2	3	4	5

第三部分　游客忠诚度

编号	题项	非常不同意	不同意	中立	同意	非常同意
1	您将来还会再次游览森林康养旅游景区	1	2	3	4	5
2	您会向他人介绍森林康养旅游的正面信息	1	2	3	4	5
3	您会向亲朋好友推荐森林康养旅游景区	1	2	3	4	5

第四部分　您的基本资料

1. 您的性别是：

□男　　□女

2. 您的年龄：

□ 18 岁以下 □ 18~30 岁 □ 31~40 岁 □ 41~55 岁 □ 56 岁以上

3. 您的学历：

□初中及以下 □高中 / 中专 / 技校 □大专 □本科 □硕士及以上

4. 您的职业：

□工人 □农民 □事业机关干部 □个体经营者□商业企业公司职员

□学生　□军人 / 警察 □教师 / 科技人员 □离 / 退休人员 □其他

5. 您现状的月收入：

□ 3 000 元以下 □ 3 001~5 000 元 □ 5 001~8 000 元

□ 8 001~10 000 元 □ 10 001 元以上

6. 您来森林康养旅游景区的次数：

□ 1 次 □ 2~4 次 □ 5 次及以上

附录 4　国家级森林康养基地认定实施规则（团体标准 T/LYCY 013—2020）

1　范围

本规则适用于森林康养基地认定机构对国家级森林康养基地的认定。

2　规范性引用文件

下列文件对于本文件的应用是必不可少的。凡是注日期的引用文件，仅注日期的版本适用于本文件。凡是不注日期的引用文件，其最新版本（包括所有的修改单）适用于本文件。

T/LYCY 012—2020 国家级森林康养基地标准

3　术语和定义

森林康养基地认定 Forest Healing Bases Certification

证明森林康养基地的环境、产品与服务、管理体系符合森林康养基地标准的合格评定活动。

4　认定过程

4.1　认定申请

4.1.1　申请

国家级森林康养基地法人（法定代表人）作为申请人，向中国林业产业联合会森林康养分会提出国家级森林康养基地认定申请。

由具有资质的认定机构开展国家级森林康养基地认定工作。

中国林业产业联合会森林康养分会秘书处承担国家级森林康养基地的认定工作的联络、组织、协调、服务等日常事务。

对于多现场认定，申请人应说明各场所名称和地址，以及申请认定的范围。

4.1.2　申请书及相关的文件

申请认定时，申请人应提交认定申请书及相关的文件

（1）“国家级森林康养基地”认定申报书。

（2）森林康养基地建设规划。

（3）申报单位营业执照、林权证或林权流转协议、统一社会信用代码证书等相关法律文件（复印件）。

（4）森林经营方案。

（5）基地经营管理体系文件，包括住宿、餐饮、康养设施设备、从业人员及其培训、森林康养产品与服务等相关管理体系文件。

（6）基地分布图（比例为 1 ： 10 000）、森林分布图和基地总体布局图。

（7）基地运营经济（财务）现状材料等。

（8）环境质量抽样检测报告或合格证明。

（9）其他证明材料。

4.2　审查受理

认定机构自收到申请人提交的书面申请之日起，应当在 15 个工作日内完成形式审查。符合申请条件的，与申请人签署认定合同；不符合条件的，书面通知申请人并说明理由。需要补充材料的，申请人应在收到通知书 1 个月内将修改补充资料报认定机构，逾期不报视为放弃认定申请。

申请人对不予受理有异议的，可以向认定机构申诉；对认定机构处理结果有异议的，可向中国林业产业联合会森林康养分会投诉。

4.3　认定审核

认定机构委派的具备相应能力的认定审核组按照双方协商的审核方案实施。

4.3.1　认定审核组

根据经营规模和强度，认定审核组由 3 名以上（含 3 名）人员组成。

4.3.2　认定审核报告

认定机构应在现地认定结束后 20 个工作日内完成认定审核报告，需书面送达申请人，并提出是否通过认定的建议。认定审核报告应经申请人确认。申请人在收到报告后的 10 个工作日内向认定机构反馈意见，逾期不报视为同意。

申请人应对认定审核过程中发现的不符合认定标准的问题进行实质性整

改，整改时间不得超过 3 个月。
建议认定结论可分为：
（1）认定审核结果无不符合项，建议认定通过。
（2）认定审核结果有轻微不符合项，建议认定有条件通过。
（3）认定审核结果有严重不符合项，建议认定不通过。
轻微不符合项和严重不符合项判定依据为：发现以下现象称为轻微不符合项，如：
（1）实际经营管理活动与规划不一致，后果不太严重。
（2）从业人员没有正确遵循国家级森林康养基地标准而导致的行为。
（3）其他任何需要整改，但不影响认定的项目。
发现以下现象称为严重不符合项，如：
（1）国家级森林康养基地没有规划，或有但没有执行。
（2）未经许可改变林地、湿地等用途。
（3）经营管理活动对环境造成重大影响，没有进行环境影响评估或采取相应措施。
（4）造成重大事故。
（5）其他严重影响认定的不符合项目。

4.4　认定决定及申述

认定机构应按规定的程序对所有的认定审核资料和认定报告进行评审、批准，做出认定决定，并及时向申请人送达认定决定和认定报告。认定通过的，认定机构向申请人签发认定证书和牌匾，证书和牌匾有效期为 5 年。
申请人对认定决定有异议的，可以向认定机构申诉；对认定机构处理结果仍有异议的，可以向中国林业产业联合会森林康养分会投诉。

4.5　获证后的监督审核

4.5.1　中期审核

中期监督审核时间在获征后的 36 个月内进行。

4.5.2　中期审核的实施

中期审核的实施同 4.3。重点审核上次认定审核发现的不符合项，认定证书的使用、管理认定评审的有效性，查看提交的申述、投诉与争议的记录，并确认当出现不符合或不能满足认定机构要求的情况时，获证组织是否已审核其自身体系与程序并采取了适当的纠正措施。中期审核应覆盖国家级森林康养基地标准的全部内容。

中期审核结果分为：

（1）符合认定证书保持条件的，认定机构做出保持认定证书的决定；

（2）符合认定证书暂停条件的，认定机构应暂停使用认定证书和标志；

（3）符合认定证书注销、撤销条件的，认定机构应注销、撤销认定证书。

4.5.3　特殊认定监督审核

若获证组织发生了可能影响认定的变化或重要事件时，应对获证组织实施特殊认定监督审核。如：

（1）改变经营管理模式或林地利用模式。

（2）发生重大森林灾害（如火灾、病虫害、水灾、风灾、雨雪冰冻灾害、地质灾害等）。

（3）造成重大事故的。

（4）经营管理不力导致严重水土流失或其他严重破坏生态环境的灾害等。

（5）因变更企业所有者、组织机构、经营条件等，可能影响基地管理体系有效性的。

（6）出现重大投诉事件并经查证为获证组织责任的。

（7）认定机构有足够理由对获证单位的符合性质疑的。

4.6　再认定

4.6.1　在证书到期前 3 个月，获证组织按 4.1 提出再认定申请。

4.6.2　再认定通过后，认定机构签发新的认定证书和牌匾。

4.6.3　因不可抗拒的特殊原因不能按期进行再认定时，获证组织应在证书有效期内向认定机构提出书面申请，说明原因。经认定机构确认，有效期最多可延长 6 个月。

5　认定的保持、暂停、撤销、注销、恢复与变更

5.1　认定的保持

在认定证书有效期内，符合以下条件的保持认定资格：

（1）获证组织法律地位保持有效，其资质持续符合国家、行业的最新要求。

（2）获证后的监督结果表明经营管理体系与康养活动持续符合国家级森林康养基地标准要求，未发生重大事故。

（3）获证组织能及时有效地处理访客或相关方的投诉。

（4）获证组织持续遵守认定证书使用、信息通报等有关规定。
（5）获证组织履行与认定机构签署的认定合同。
5.2　认定的暂停
出现下列情况之一的，暂停使用认定证书：
（1）未经批准变更认定标准和认定范围，从而更改了其管理体系的。
（2）出现严重问题或有重大投诉，经查实尚未构成撤销认定资格的。
（3）未按照有关规定使用认定证书的。
（4）不能按期接受中期审核或中期审核结果有 1 项严重不符合项的。
（5）获证组织对严重不符合项未在规定时间内进行整改的。
（6）获证组织有其他违反认定规则或规定的情况。
5.3　认定的撤销
出现下列情况之一的，撤销认定证书：
（1）在暂停期间获证组织仍使用认定证书的。
（2）发生重大事故且造成严重后果和影响的。
（3）中期审核时发现获证组织管理体系存在严重不符合要求，且在规定期限内没有进行有效整改的。
（4）在暂停期间，未能按要求采取适当措施整改的。
（5）当出现获证组织违背与认定机构之间的协议而构成撤销认定资格的。
（6）获证者的法律地位、资质不再符合认定注册条件的。
5.4　认定的注销
出现下列情况之一的，注销认定证书：
（1）获证组织申请注销的。
（2）认定证书到期，获证组织不申请再认定的。
（3）获证组织已破产的。
（4）发生其他构成注销认定资格情况的。
5.5　认定的恢复
5.5.1　在认定证书暂停期间，原获证组织希望恢复认定证书的，应在 6 个月内完成整改并向认定机构提出恢复认定证书的申请。认定机构在审核提交材料后，经验证整改措施符合要求并有效的，做出恢复使用认定证书的决定，并书面通知获证组织；不符合要求的，按 5.3 执行。
5.5.2　撤销、注销认定证书后，原获证组织希望重新取得认定证书的，应在12个月后提出申请，其他按初次认定程序执行。

5.6 认定的变更

获证组织名称、地址变更后应向认定机构提交认定证书变更申请及相关证明资料。

当变更不涉及经营管理体系有效性时，认定机构在核实确认后，换发新认定证书；当变更涉及经营管理体系有效性时，认定机构应进行现场认定审核，根据现场认定审核的结果决定是否换发新认定证书。

5.7 认定的暂停、撤销与注销程序

5.7.1 认定机构有足够证据证明符合暂停、撤销、注销条件的，应核实相关事实并确认无误，按规定的程序批准后，做出暂停、注销、撤销认定证书的决定。

5.7.2 暂停、注销、撤销认定证书的决定做出后，应书面通知获证组织。在认定证书暂停期间，获证组织不得使用认定证书；在撤销、注销认定证书后，原获证组织应交回认定证书，不得再使用认定证书。

5.7.3 认定机构应将撤销、注销认定证书的名录进行通报和公告。

6 认定证书和认定标志

6.1 认定机构对获得认定资格的申请人颁发认定证书、准予使用认定证书。

6.2 获证组织应遵循认定机构关于认定证书的管理规定，正确使用认定证书。

6.3 获证组织可以在规定的范围内直接或在宣传材料等传媒中正确使用认定证书，表明其已经通过了认定。

6.4 获证组织应确保不采用误导的方式使用认定证书。

6.5 当有暂停、撤销或注销情况发生时，获证组织应立即停止涉及认定内容的宣传与广告。

6.6 认定证书的内容

认定证书的内容应包括：

（1）获证组织的名称、地址。

（2）认定范围。

（3）认定依据的标准、技术要求。

（4）证书编号。

（5）发证机构、发证日期和有效期。

（6）其他需要说明的内容。

7　认定后的信息通报

7.1　获证组织应及时向认定机构通报因改变相应的经营管理模式、措施、经营目标等可能影响其符合性的信息。

7.2　认定机构指定专人负责信息通报工作。通报内容应准确、属实，并由认定机构负责人或其委托人签发、加盖认定机构公章。

附录 5　第一批国家中医药健康旅游示范基地名单

地区	数量	名称
北京	3	北京昌平中医药文化博览园、北京潭柘寺中医药健康旅游产业园、中国医学科学院药用植物园
天津	2	天津天士力大健康城、天津乐家老铺沽上药酒工坊
河北	3	河北金木国际产业园、河北以岭健康城、河北新绎七修酒店
山西	2	山西红杉药业有限公司、山西广誉远国药有限公司
内蒙古自治区	3	内蒙古鄂托克前旗阿吉泰健康养生园、内蒙古呼伦贝尔蒙医药医院、内蒙古呼伦贝尔蒙古之源蒙医药原生态旅游景区
辽宁	2	辽宁大连普兰店区博元聚中医药产业基地、辽宁天桥沟森林公园
吉林	2	吉林长白山一山一蓝康养旅游基地、吉林盛世华鑫林下参旅游基地
黑龙江	2	黑龙江中国北药园、黑龙江伊春桃山玉温泉森林康养基地
上海	2	上海益大中医药健康服务创意园、上海中医药博物馆
江苏	2	江苏句容茅山康缘中华养生谷、江苏苏州李良济中医药体验中心
浙江	2	浙江佐力郡安里中医药养生体验园、浙江龙泉灵芝产业基地
安徽	4	安徽霍山大别山药库、安徽潜口太极养生小镇、安徽亳州华佗故里文化旅游基地、安徽丫山风景区
福建	2	福建厦门青礁慈济宫景区、福建漳州片仔癀产业博览园
江西	4	江西新余悦新养老产业示范基地、江西德兴国际中医药健康旅游产业基地、江西黎川国医研中医药健康旅游示范基地、江西婺源文化与生态旅游区

续表

地区	数量	名称
山东	4	山东东阿阿胶世界、山东庆云养生基地、山东台儿庄古城、山东华茂集团
河南	2	河南焦作保和堂瑞祥现代农业科技园、河南开封大宋中医药文化养生园
湖北	2	湖北咸丰县中医院、湖北浩宇康宁康复休闲颐养产业基地
湖南	3	湖南龙山康养基地、湖南永州异蛇生态文化产业园、湖南九芝堂中医药养生及文化科普基地
广东	2	广州神农草堂中医药博物馆、广东罗浮山风景名胜区
广西壮族自治区	2	广西药用植物园、广西信和信桂林国际智慧产业园
海南	2	海南三亚市中医院、海南海口文山沉香文化产业园
重庆	2	重庆药物种植研究所、重庆金阳映像中医药健康旅游城
四川	3	四川千草康养文化产业园、四川成都龙泉健康科技旅游示范中心、四川花城本草健康产业国际博览园
贵州	2	贵州大健康中国行普定孵化基地、贵州百鸟河中医药旅游度假养生谷
云南	2	云南白药大健康产业园、云南杏林大观园
西藏自治区	2	西藏白玛曲秘藏医外治诊疗康复度假村、西藏拉萨净土健康产业观光园
陕西	2	陕西秦岭药王茶文化产业园、中国秦岭乾坤抗衰老中医药养生小镇
甘肃	2	甘肃灵台县皇甫谧文化园、甘肃庆阳岐黄中医药文化博物馆
青海	2	青海祁连鹿场、青海省藏医院
宁夏回族自治区	2	宁夏朝天雀枸杞茶博园、宁夏银川闽宁镇覆盆子健康养生产业基地
新疆维吾尔自治区	2	新疆昭苏县中医院、新疆裕民宏展红花种植基地
合计	73	

附录 6　2020 年全国森林康养基地试点建设县（市、区）名单

编号	省份	森林康养试点建设县（市、区）名称
1	山西	山西省晋城市沁水县森林康养基地试点建设县
2		山西省晋城市陵川县森林康养基地试点建设县
3		山西省晋城市阳城县森林康养基地试点建设县
4	内蒙古自治区	内蒙古自治区呼伦贝尔市根河市森林康养基地试点建设市
5	黑龙江	黑龙江省伊春市金林区森林康养基地试点建设区
6		黑龙江省伊春市铁力市森林康养基地试点建设市
7	福建	福建省福州市永泰县森林康养基地试点建设县
8		福建省南平市光泽县森林康养基地试点建设县
9	江西	江西省赣州市崇义县森林康养基地试点建设县
10		江西省抚州市宜黄县森林康养基地试点建设县
11	山东	山东省济南市南部山区森林康养基地试点建设区
12		山东省济南市平阴县森林康养基地试点建设县
13	河南	河南省许昌市建安区森林康养基地试点建设区
14		河南省平顶山市汝州市森林康养基地试点建设市
15		河南省信阳市固始县森林康养基地试点建设县
16		河南省南阳市南召县森林康养基地试点建设县
17	湖北	湖北省恩施土家族苗族自治州利川市森林康养基地试点建设市
18		湖北省神农架林区森林康养基地试点建设区
19		湖北省宜昌市兴山县森林康养基地试点建设县
20		湖北省恩施土家族苗族自治州鹤峰县森林康养基地试点建设县

续表

编号	省份	森林康养试点建设县（市、区）名称
21	湖南	湖南省永州市双牌县森林康养基地试点建设县
22	广东	广东省汕头市南澳县森林康养基地试点建设县
23		广东省江门市台山市森林康养基地试点建设市
24		广东省梅州市蕉岭县森林康养基地试点建设县
25	广西壮族自治区	广西壮族自治区来宾市金秀瑶族自治县森林康养基地试点建设县
26	重庆	重庆市奉节县森林康养基地试点建设县
27		重庆市城口县森林康养基地试点建设县
28		重庆市黔江区森林康养基地试点建设区
29	四川	四川省绵阳市平武县森林康养基地试点建设县
30		四川省雅安市荥经县森林康养基地试点建设县
31	贵州	贵州省遵义市凤冈县森林康养基地试点建设县
32		贵州省安顺市镇宁县黄果树旅游区森林康养基地试点建设区
33	云南	云南省红河哈尼彝族自治州弥勒市森林康养基地试点建设市
34		云南省楚雄州大姚县森林康养基地试点建设县
35		云南省丽江市玉龙县森林康养基地试点建设县

2020年全国森林康养基地试点建设乡（镇）名单

编号	省份	森林康养试点建设乡（镇）名称
1	山西	山西省临汾市安泽县冀氏镇森林康养基地试点建设镇
2		山西省朔州市应县下马峪乡森林康养基地试点建设乡
3	内蒙古自治区	内蒙古自治区牙克石市库都尔镇森林康养基地试点建设镇
4		内蒙古自治区牙克石市图里河镇森林康养基地试点建设镇
5		内蒙古自治区呼伦贝尔市牙克石市乌尔其汉镇森林康养基地试点建设镇
6	辽宁	辽宁省朝阳市凌源市大王杖子乡森林康养基地试点建设乡
7		辽宁省辽阳市弓长岭区汤河镇森林康养基地试点建设镇
8		辽宁省大连市普兰店区安波街道森林康养基地试点建设街道
9	吉林	吉林省通化市柳河县孤山子镇森林康养基地试点建设镇
10	黑龙江	黑龙江省牡丹江市穆棱市共和乡森林康养基地试点建设乡
11	江苏	江苏省徐州市丰县师寨镇森林康养基地试点建设镇
12		江苏省徐州市丰县大沙河镇森林康养基地试点建设镇

续表

编号	省份	森林康养试点建设乡（镇）名称
13	浙江	浙江省景宁畲族自治县梅岐乡森林康养基地试点建设乡
14		浙江省台州市天台县泳溪乡森林康养基地试点建设乡
15	福建	福建省三明市宁化县湖村镇森林康养基地试点建设镇
16		福建省三明市宁化县城南镇森林康养基地试点建设镇
17		福建省泉州市德化县桂阳乡森林康养基地试点建设乡
18		福建省三明市尤溪县八字桥乡森林康养基地试点建设乡
19		福建省三明市将乐县万全乡森林康养基地试点建设乡
20		福建省三明市沙县南霞乡森林康养基地试点建设乡
21		福建省泉州市泉港区涂岭镇森林康养基地试点建设镇
22	山东	山东省济南市商河县许商街道森林康养基地试点建设街道
23		山东省济南市平阴县洪范池镇森林康养基地试点建设镇
24		山东省济南市商河县玉皇庙镇森林康养基地试点建设镇
25		山东省济南市章丘区垛庄镇森林康养基地试点建设镇
26		山东省济南市历城区高而街道森林康养基地试点建设街道
27		山东省济南市钢城区辛庄街道森林康养基地试点建设街道
28	河南	河南省灵宝市函谷关森林康养基地试点建设镇
29		河南省三门峡灵宝市寺河乡森林康养基地试点建设乡
30		河南省鹤壁市淇滨区大河涧乡森林康养基地试点建设乡
31		河南省平顶山市郏县广阔天地乡森林康养基地试点建设乡
32		河南省三门峡市灵宝市朱阳镇森林康养基地试点建设镇
33		河南省信阳市固始县武庙集镇森林康养基地试点建设镇
34	湖北	湖北省宜昌市夷陵区邓村乡森林康养基地试点建设乡
35		湖北省宜昌市当阳市庙前镇森林康养基地试点建设镇
36		湖北省黄冈市蕲春县大同镇森林康养基地试点建设镇
37	湖南	湖南省永州市江永县千家峒瑶族乡森林康养基地试点建设乡
38		湖南省岳阳市汨罗市神鼎山镇森林康养基地试点建设镇
39	广东	广东省揭阳市普宁市梅林镇森林康养基地试点建设镇
40	海南	海南省昌江黎族自治县七叉镇森林康养基地试点建设镇

续表

编号	省份	森林康养试点建设乡（镇）名称
41	云南	云南省昆明市安宁市人民政府温泉街道办事处森林康养基地试点乡镇
42		云南省楚雄彝族自治州楚雄市紫溪森林康养基地试点建设镇
43		云南省红河州个旧市锡城镇森林康养基地试点建设镇
44		云南省迪庆藏族自治州香格里拉市金江镇森林康养基地试点建设镇
45		云南省丽江市永胜县永北镇森林康养基地试点建设镇
46		云南省丽江市玉龙县白沙镇森林康养基地试点建设镇
47	陕西	陕西省安康市岚皋县四季镇森林康养基地试点建设镇
48		陕西省安康市岚皋县南宫山镇森林康养基地试点建设镇

2020 年全国森林康养基地试点建设单位名单

编号	省份	森林康养基地试点建设单位名称
1	北京	北京市密云区太师屯镇仙居谷森林康养基地
2		北京市平谷区峨嵋山森林康养基地
3	天津	天津市蓟州区蓟洲国际旅游度假村森林康养基地
4	河北	河北省邢台市临城县绿岭核桃小镇森林康养基地
5	山西	山西省晋城市陵川县棋子山森林康养基地
6		山西省晋城市沁水县大尖山森林康养基地
7		山西省晋城市沁水县鹿台山森林康养基地
8		山西晋城市沁水县三圣地森林康养基地
9		山西省晋城市泽州县德泽美境森林康养基地
10		山西省晋城市陵川县王莽岭景区森林康养基地
11		山西省运城市芮城县石佛寺森林康养基地
12		山西省晋中市榆次区黄土农言森林康养基地
13		山西省运城市九黎山森林康养基地
14		山西省长治市潞州区老顶山森林康养基地
15		山西省太原市娄烦县花果山森林康养基地
16		山西省晋城市泽州县合聚森林公园森林康养基地
17		山西省晋城市阳城县皇城相府森林康养基地
18		山西省晋城市高平市卧龙湾森林康养基地

续表

编号	省份	森林康养基地试点建设单位名称
19	内蒙古自治区	内蒙古自治区呼伦贝尔市鄂伦春自治旗拓跋鲜卑历史文化园森林康养基地
20		（内蒙古森工集团）内蒙古自治区呼伦贝尔市鄂伦春自治旗克一河林业局托河森林康养基地
21		（内蒙古森工集团）内蒙古甘河林业局森林康养基地
22	辽宁	辽宁省本溪市南芬区大冰沟森林康养基地
23		辽宁省抚顺市新宾满族自治县参仙谷森林康养基地
24		辽宁省营口市盖州市虹溪谷森林康养基地
25		辽宁省大连市普兰店区墨盘珉琚森林康养基地
26		辽宁省大连市长海县海山岛森林康养基地
27	吉林	吉林省白山市浑江区樱花谷森林康养基地
28		吉林省吉林市丰满区坤鹏森林康养基地
29		吉林省通化市柳河县罗通山森林康养基地
30	黑龙江	黑龙江省牡丹江市海林市横道河镇七里地村森林康养基地
31		黑龙江省哈尔滨市尚志市亚布力阳光度假村森林康养基地
32		黑龙江省鸡西市密山市王海霖医院林下仿生态北药及浆果森林康养基地
33		黑龙江七台河市勃利乌斯浑河森林康养基地
34		黑龙江省哈尔滨市宾县香炉山森林康养基地
35		黑龙江省黑河市五大连池市朝阳林场森林康养基地
36		黑龙江省伊春市友好区“鄂伦春风情度假村”森林康养基地
37		黑龙江省伊春市伊美区亿华森林康养基地
38		黑龙江省黑河市孙吴县胜山要塞国家森林康养基地
39		（龙江森工集团）黑龙江省哈尔滨市木兰县鸡冠山森林康养基地
40		（龙江森工集团）黑龙江省哈尔滨市尚志市苇河林业局森林康养基地
41		（龙江森工集团）黑龙江省哈尔滨市通河县清河森林康养基地
42		（龙江森工集团）黑龙江省哈尔滨市五常市凤凰山森林康养基地
43		（龙江森工集团）黑龙江省哈尔滨市亚布力虎峰岭森林康养基地
44		（龙江森工集团）黑龙江省牡丹江市海林市林业局林海雪原森林康养基地
45		（伊春森工集团）黑龙江省伊春市友好区上甘岭溪水森林康养基地
46		（大兴安岭林业集团）黑龙江省大兴安岭地区塔河县二十二站林场森林康养基地

续表

编号	省份	森林康养基地试点建设单位名称
47	江苏	江苏省盐城市射阳县日月岛生态旅游度假区森林康养基地
48	浙江	浙江省金华市东阳市南山省级森林公园森林康养基地
49		浙江省衢州市衢江区仙霞森林康养基地
50		浙江省玉环市邱岭森林康养基地
51	安徽	安徽省滁州市全椒县薄壳山核桃（碧根果）森林康养基地
52		安徽省马鞍山市和县半月湖森林康养基地
53	福建	福建省南平市松溪县大林坑林下森林康养基地
54		福建省泉州市安溪县大龙门森林康养基地
55		福建省宁德市福鼎市白茶森林康养基地
56		福建省福州市闽清县留云心谷森林康养基地
57		福建省三明市清流县悠然国森林康养基地
58		福建省福州市闽清县七叠温泉森林康养基地
59		福建省福州市闽清县雄江黄楮林温泉森林康养基地
60		福建省漳州市龙海鹭凯森林康养基地
61		福建省三明市尤溪县尤溪口森林康养基地
62		福建省福州市永泰县乾景云湖溪谷森林康养基地
63		福建省南平市浦城县党溪森林康养基地
64		福建省三明市泰宁县世德堂森林康养基地
65		福建省福州市福清市音西森林康养基地
66		福建省南平市建瓯市建州万木林森林康养基地
67		福建省南平市浦城县际岭绿乐园森林康养基地
68		福建省泉州市德化县九仙山森林康养基地
69		福建省南平市浦城县源头飞龙瀑布森林康养基地
70		福建省漳州市华安县光照人森林康养基地
71		福建省泉州市惠安县崧洋山康朗森林康养基地
72		福建省漳平市象湖镇森林康养基地
73		福建省莆田市城厢区九龙谷森林康养基地
74	江西	江西省赣州市石城县森林温泉小镇森林康养基地
75		江西省吉安市井冈山市杏林医养森林康养基地

续表

编号	省份	森林康养基地试点建设单位名称
76	江西	江西省宜春市袁州区油茶博览园森林康养基地
77	山东	山东省济南市莱芜区莲花山森林康养基地
78		山东省济南市历城区力诺森林康养基地
79		山东省潍坊市临朐县沂山森林康养基地
80		山东省济南市历城区云台山森林康养基地
81		山东省济南市南部山区红叶谷森林康养基地
82		山东省济南市南部山区天井峪民俗文化小镇森林康养基地
83		山东省济南市章丘区月宫国际旅游度假区森林康养基地
84		山东省济南市南部山区金象山森林康养基地
85		山东省济南市章丘区白云湖森林康养基地
86		山东省济南市商河县林海万花部落森林康养基地
87		山东省济南市南部山区九如山度假森林康养基地
88		山东省济南市章丘区五彩山村森林康养基地
89		山东省济南市历城区捎近森林康养基地
90		山东省济南市历城区济南跑马岭森林康养基地
91		山东省济南青岛市西海岸新区灵山岛森林康养基地
92		山东省烟台市芝罘区塔山森林康养基地
93		山东省泰安市徂汶景区泰山温泉森林康养基地
94		山东省临沂市费县大田庄森林康养基地
95		山东省济南市南部山区八里峪森林康养基地
96		山东省济南市莱芜区房干森林康养基地
97	河南	河南省郑州市登封市大熊山森林康养基地
98		河南省南阳市西峡县寺山国家森林公园森林康养基地
99		河南省鹤壁市鹤山区伴山静居森林康养基地
100		河南省信阳市固始县白鹭湖森林康养基地
101		河南省商丘市夏邑县龙港湾森林康养基地
102		河南省南阳市淅川县磨沟森林康养基地
103	河南	河南省新乡市原阳县鹿岛森林康养基地
104		河南省洛阳市新安县青要山景区森林康养基地

续表

编号	省份	森林康养基地试点建设单位名称
105	河南	河南省新乡市卫辉市跑马岭森林康养基地
106		河南省信阳市浉河区灵龙湖森林康养基地
107		河南省许昌市鄢陵县唐韵森林康养基地
108		河南省许昌市建安区生态旅游养生产业园森林康养基地
109		河南省济源市娲皇谷森林康养基地
110		河南省济源市那些年小镇森林康养基地
111	湖北	湖北省十堰市竹山县圣水湖森林康养基地
112		湖北省荆门市钟祥市万紫千红森林康养基地
113		湖北省襄阳市保康县九路寨森林康养基地
114		湖北省荆门市东宝区圣境花谷森林康养基地
115		湖北省荆门市钟祥市花山寨林场森林康养基地
116		湖北省黄冈市罗田县薄刀峰森林康养基地
117		湖北省襄阳市保康县尧治河村森林康养基地
118		湖北省黄冈市麻城市龟峰山国家森林自然公园森林康养基地
119		湖北省仙桃市梦里水乡森林康养基地
120		湖北省恩施土家族苗族自治州利川市旭舟森林康养基地
121		湖北省孝感市安陆市新原生态森林康养基地
122		湖北省恩施土家族苗族自治州梭布垭石林景区森林康养基地
123		湖北省黄冈市蕲春县云丹山森林康养基地
124		湖北省恩施土家族苗族自治州铜盆水森林康养基地
125		湖北省黄冈市红安县国有大斛山林场森林康养基地
126		湖北省恩施市巴东县国有巴山林场森林康养基地
127		湖北省荆门市京山县虎爪山森林康养基地
128		湖北省黄冈市英山县四季花海森林康养基地
129		湖北省十堰市房县花田酒溪森林康养基地
130		湖北省十堰市郧阳区沧浪山森林康养基地
131		湖北省十堰市竹山县九华山林场森林康养基地
132		湖北省武汉市新洲区将军山森林公园森林康养基地
133		湖北省咸宁市通城县黄袍林场森林康养基地

续表

编号	省份	森林康养基地试点建设单位名称
134	湖北	湖北省黄冈市英山县桃花溪森林康养基地
135		湖北省宜昌市夷陵区百里荒森林康养基地
136		湖北省神农架林区龙降坪森林康养基地
137		湖北省随州市曾都区千年银杏谷景区森林康养基地
138		湖北省随州市广水市黄土关农文旅小镇森林康养基地
139		湖北省宜昌市夷陵区三峡·玉龙湾森林康养基地
140	湖南	湖南省永州市蓝山县云冰山森林康养基地
141		湖南省长沙市浏阳市道然湖森林康养基地
142		湖南省常德市石门县夹山森林康养基地
143		湖南省常德市石门县壶瓶山青山溪森林康养基地
144		湖南省衡阳市雁峰区湘豪森林康养基地
145		湖南省郴州市苏仙区王仙岭森林康养基地
146	广东	广东省惠州市健生森林康养基地
147		广东省韶关市新丰县岭南红叶世界森林康养基地
148		广东省广州市增城区香江森林康养基地
149		广东省惠州市龙门县三寨谷森林康养基地
150		广东省河源市东源县黄村森林康养基地
151		广东省广州市白云区金鸡岭国家森林康养基地
152		广东省佛山市三水区南丹山国家森林康养基地
153		广东省广州市白云区中国帽峰山森林康养基地
154		广东省惠州市惠阳区三和森林康养基地
155		广东省清远市连山县金子山森林康养基地
156		广东省梅州市五华县水岸观源森林康养基地
157		广东省茂名市化州市深融森林康养基地
158		广东省梅州市大埔县瑞山森林康养基地
159		广东省广州市白云区鑫浪达森林康养基地
160		广东省惠州市博罗县凯森森林康养基地
161		广东省肇庆市怀集县红光森林康养基地

续表

编号	省份	森林康养基地试点建设单位名称
162	广西壮族自治区	广西壮族自治区热带林业实验中心森林康养基地
163		广西壮族自治区崇左市扶绥县中国（南宁）乐养城森林康养基地
164		广西壮族自治区玉林市大容山森林康养基地
165		广西壮族自治区来宾市忻城县古蓬松森林康养基地
166	海南	海南省屯昌·宝树谷森林康养基地
167		海南省琼中黎族苗族自治县百花岭雨林森林康养基地
168		海南省陵水黎族自治县东高岭森林康养基地
169		海南省昌江黎族自治县七叉温泉森林康养基地
170	重庆	重庆市合川区九峰山森林康养基地
171		重庆市丰都县天池森林康养基地
172		重庆市万州区恒合森林康养基地
173	四川	四川省达州市达川区“天鹰寨”银杏景观林森林康养基地
174		四川省攀枝花市仁和区万宝营森林康养基地
175		四川省绵阳市江油市窦圌山森林康养基地
176		四川省广元市苍溪县九龙山森林康养基地
177		四川省广元市朝天区曾家山荣乐养生谷森林康养基地
178		四川省巴中市通江县空山国家森林公园森林康养基地
179		四川省雅安市雨城区碧峰峡森林康养基地
180		四川省绵阳市游仙区“鹤林绿洲”森林康养基地
181		四川省广元市黑石坡森林康养基地
182		四川省巴中市南江县光雾和谷森林康养基地
183		四川省泸州市合江县金龙云海森林康养基地
184		四川省绵阳市平武县浮云山森林康养基地
185		四川省雅安市荥经县龙苍沟阳坪片区森林康养基地
186		四川省巴中市巴州区乡瓣童年森林康养基地
187		四川省绵阳市安州区汇森森林康养基地
188	贵州	贵州省黔西南布依族苗族自治州册亨县万重山森林康养基地
189	云南	云南省曲靖市富源县桃花庄园森林康养基地
190		云南西双版纳州勐海县勐巴拉森林康养基地

续表

编号	省份	森林康养基地试点建设单位名称
191	云南	云南省楚雄州楚雄市紫溪森林康养基地
192		云南省楚雄州元谋县“元谋人”远古小镇森林康养基地
193		云南省德宏州芒市孔雀谷森林公园森林康养基地
194		云南省德宏州陇川县滇缅雨林森林康养基地
195		云南省丽江市玉龙纳西族自治县东巴谷森林康养基地
196		云南省丽江市古城区观音峡森林康养基地
197		云南省丽江市玉龙纳西族自治县猎鹰谷森林康养基地
198		云南省丽江市玉龙纳西族自治县文笔山森林康养基地
199		云南省丽江市宁蒗县泸沽湖摩梭小镇森林康养基地
200		云南省普洱市思茅区凇茂谷森林康养基地
201		云南省曲靖市麒麟区克依黑景区森林康养基地
202		云南省文山州麻栗坡县老山药王谷森林康养基地
203		云南省迪庆州香格里拉市结达木景区森林康养基地
204		云南省曲靖市马龙区天辅雲泉康养基地
205		云南省玉溪市新平县磨盘山国家森林公园康养基地
206		云南省大理州大理市大理苍山植物园森林康养基地
207		云南省迪庆藏族自治州香格里拉高山植物园森林康养基地
208		云南省昆明市寻甸回族彝族自治县百岁森林康养基地
209		云南省洱市宁洱县于无量山（南）森林康养基地
210		云南省楚雄州大姚县国学康养文化城森林康养基地
211	西藏自治区	西藏自治区波密县森林康养基地
212	陕西	陕西省宝鸡市苗木培育中心森林康养基地
213		陕西省嘉陵市江源森林康养基地
214		陕西省宝鸡市凤县丰禾山养老中心森林康养基地
215		陕西省铜川市印台区玉华宫森林康养基地
216		陕西省安康市岚皋县旅游集团森林康养基地
217	甘肃	甘肃省甘南州临潭县洮河生态建设局冶力关国家森林公园森林康养基地
218		甘肃省小陇山林业实验局黑虎林场森林康养基地
219		甘肃省小陇山林业实验局高桥林场森林康养基地

续表

编号	省份	森林康养基地试点建设单位名称
220	甘肃	甘肃省陇南市徽县田河森林康养基地
221		甘肃省小陇山林业实验局党川林场森林康养基地
222		甘肃省尼拉谷森林康养基地
223	青海	青海省西宁市城东区红叶谷休闲生态旅游景区森林康养基地
224		青海省西宁市湟中区乡趣卡阳森林康养基地

2020年中国森林康养人家名单

编号	省份	中国森林康养人家名称
1	山西	山西省晋城市沁水县樊村村森林康养人家
2		山西省晋城市沁水县绿草地森林康养人家
3		山西省晋城市沁水县白华村西沟庄园森林康养人家
4		山西省晋城市沁水县下沃泉村森林康养人家
5		山西省晋城市沁水县尧都村森林康养人家
6		山西省晋城市陵川县小翻底村森林康养人家
7		山西省晋城市陵川县丈河森林康养人家
8		山西省晋城市阳城县鹿鸣谷森林康养人家
9		山西省晋城市陵川县大王村康养人家
10		山西省晋城市陵川县浙水村森林康养人家
11		山西省忻州市岢岚县吴家庄森林康养人家
12		山西省忻州市繁峙县德慧缘森林康养人家
13		山西省晋城市陵川县太行秘境葫芦谷森林康养人家
14		山西省晋城市高平市果则沟村森林康养人家
15		山西省晋城市泽州县娲皇文化森林康养人家
16		山西省晋城市阳城县花开了·甜蜜小镇森林康养人家
17		山西省晋城市阳城县古硒绿源森林康养人家
18		山西省晋城市泽州县白河森林康养人家
19		山西省晋城市高平市姬家山村森林康养人家
20		山西省晋城市高平市寻梦小镇森林康养人家
21		山西省晋城市阳城县天马山庄森林康养人家
22		山西省晋城市城区吴王山森林康养人家
23		山西省晋城市阳城县指柱山庄森林康养人家
24	内蒙古自治区	内蒙古自治区牙克石林场绿健山庄森林康养人家
25		内蒙古自治区牙克石市巴林寓见客栈森林康养人家

续表

编号	省份	中国森林康养人家名称
26	辽宁	辽宁省抚顺市清原满族自治县枫桥夜泊森林康养人家
27		辽宁省大连市金州区闻香谷森林康养人家
28	黑龙江	（大兴安岭林业集团）大兴安岭林业集团公司图强林业局潮河森林资源管护区“潮河人家”森林康养人家
29		（大兴安岭林业集团）大兴安岭林业集团公司新林林业局爱情小镇森林康养人家
30		（大兴安岭林业集团）大兴安岭林业集团公司图强林业局育英森林资源管护区“迁徙式”森林康养人家
31		（大兴安岭林业集团）大兴安岭林业集团公司新林林业局伊勒呼里森林康养人家
32		（龙江森工集团）黑龙江省牡丹江市海林市林业局石河森林康养人
33	吉林	（吉林森工集团）吉林省桦甸市红石林业局东兴森林康养人家
34	安徽	安徽省黄山市歙县云起森林康养人家
35	浙江	浙江省温州市平阳县雾缘森林康养人家
36		浙江省湖州市德清县山坡尚山庄森林康养人家
37		浙江省金华市东阳市西甑山森林康养人家
38	福建	福建省三明市清流县仙野石斛兰花森林康养人家
39		福建省南平市浦城县棠峰山庄原生态旅游森林康养人家
40	江西	江西省赣州市崇义县上堡梯田客天下·耕心森林康养人家
41	山东	山东省济南市高新区大鹏森林康养人家
42		山东省济南市莱芜区永祥森林康养人家
43		山东省济南市南部山区达喇峪森林康养人家
44		山东省潍坊市诸城市永辉乡间森林康养人家
45		山东省济宁市嘉祥县丹凤山森林康养人家
46	河南	河南省三门峡市卢氏县当家山森林康养人家
47		河南省信阳市固始县妙高森林康养人家
48		河南省信阳市固始县上庄生态休闲农业森林康养人家
49	湖北	湖北省神农架林区“梅子民宿－南溪”森林康养人家
50		湖北省宜昌市当阳市红林森林康养人家
51		湖北省黄冈市麻城市茯苓窝森林康养人家
52		湖北省荆门市钟祥市清平乐露营地森林康养人家
53	湖南	湖南省永州市江永县旭日升森林康养人家
54		湖南省石门县壶瓶山望月湖森林康养人家
55	广东	广东省汕尾陆丰市陆阖森林康养人家
56	四川	四川省广元市苍溪县新店子森林康养人家
57		四川省眉山市青神县中国竹艺城森林康养人家

续表

编号	省份	中国森林康养人家名称
58	云南	云南省红河州个旧市龟谷隐宿森林康养人家
59	陕西	陕西省安康市岚皋县宏大农业森林康养人家
60		陕西省安康市岚皋县杨家院子森林康养人家
61	宁夏回族自治区	宁夏回族自治区吴忠市盐池县永宏乐丰康复生态养生园森林康养人家

附录7 2021年国家级森林康养试点建设名单

2021年国家级全域森林康养试点建设市名单

编号	省份	国家级全域森林康养试点建设市名称
1	江西省	江西省抚州市国家级全域森林康养试点建设市
2	湖北省	湖北省十堰市国家级全域森林康养试点建设市
3	陕西省	陕西省商洛市国家级全域森林康养试点建设市

2021年国家级全域森林康养试点建设县（市、区）名单

编号	省份	国家级全域森林康养试点建设县（市、区）名称
1	辽宁省	辽宁省大连市长海县国家级全域森林康养试点建设县
2	吉林省	吉林省白山市临江市国家级全域森林康养试点建设市
3	浙江省	浙江省丽水市景宁畲族自治县国家级全域森林康养试点建设县
4		浙江省杭州市桐庐县国家级全域森林康养试点建设县
5	安徽省	安徽省黄山市祁门县国家级全域森林康养试点建设县
6	江西省	江西省抚州市南丰县国家级全域森林康养试点建设县
7		江西省上饶市德兴市国家级全域森林康养试点建设市
8	河南省	河南省洛阳市栾川县国家级全域森林康养试点建设县
9	湖北省	湖北省襄阳市保康县国家级全域森林康养试点建设县
10		湖北省黄冈市罗田县国家级全域森林康养试点建设县
11	海南省	海南省琼中黎族苗族自治县国家级全域森林康养试点建设县
12	贵州省	贵州省安顺市黄果树旅游区国家级全域森林康养试点建设区
13		贵州省遵义市凤冈县国家级全域森林康养试点建设县

续表

编号	省份	国家级全域森林康养试点建设县（市、区）名称
14	云南省	云南省红河哈尼彝族自治州屏边苗族自治县国家级全域森林康养试点建设县
15		云南省保山市隆阳区国家级全域森林康养试点建设区
16		云南省大理白族自治州漾濞彝族自治县国家级全域森林康养试点建设县
17	陕西省	陕西省安康市镇坪县国家级全域森林康养试点建设县
18	甘肃省	甘肃省天水市清水县国家级全域森林康养试点建设县

2021年国家级全域森林康养试点建设乡（镇）名单

编号	省份	国家级全域森林康养试点建设乡（镇）名称
1	山西省	山西省晋城市阳城县横河镇国家级全域森林康养试点建设镇
2	黑龙江省	黑龙江省牡丹江市林口县三道通镇国家级全域森林康养试点建设镇
3		黑龙江省牡丹江市林口县莲花镇国家级全域森林康养试点建设镇
4	浙江省	浙江省杭州市临安区昌化镇国家级全域森林康养试点建设镇
5		浙江省台州市天台县雷峰乡国家级全域森林康养试点建设乡
6		浙江省台州市天台县石梁镇国家级全域森林康养试点建设镇
7	福建省	福建省三明市将乐县黄潭镇国家级全域森林康养试点建设镇
8		福建省三明市三元区洋溪镇国家级全域森林康养试点建设镇
9		福建省三明市三元区莘口镇国家级全域森林康养试点建设镇
10		福建省三明市沙县区夏茂镇国家级全域森林康养试点建设镇
11		福建省泉州市安溪县桃舟乡国家级全域森林康养试点建设乡
12		福建省南平市延平区巨口乡国家级全域森林康养试点建设乡
13	江西省	江西省吉安市遂川县黄坑乡国家级全域森林康养试点建设乡
14	山东省	山东省济南市南部山区西营街道国家级全域森林康养试点建设街道
15		山东省淄博市淄川区太河镇国家级全域森林康养试点建设镇
16	河南省	河南省许昌市鄢陵县陈化店镇国家级全域森林康养试点建设镇
17		河南省郑州市登封市徐庄镇国家级全域森林康养试点建设镇
18		河南省三门峡市卢氏县瓦窑沟乡国家级全域森林康养试点建设乡
19	湖北省	湖北省襄阳市保康县后坪镇国家级全域森林康养试点建设镇
20		湖北省襄阳市保康县龙坪镇国家级全域森林康养试点建设镇
21		湖北省襄阳市保康县马桥镇国家级全域森林康养试点建设镇
22		湖北省神农架林区大九湖镇国家级全域森林康养试点建设镇
23		湖北省黄冈市蕲春县株林镇国家级全域森林康养试点建设镇
24		湖北省恩施州利川市元堡乡国家级全域森林康养试点建设乡
25	湖南省	湖南省永州市江永县兰溪瑶族乡国家级全域森林康养试点建设乡
26	四川省	四川省成都市彭州市龙门山镇国家级全域森林康养试点建设镇

续表

编号	省份	国家级全域森林康养试点建设乡（镇）名称
27	云南省	云南省普洱市墨江哈尼族自治县联珠镇国家级全域森林康养试点建设镇
28		云南省玉溪市新平县新化乡国家级全域森林康养试点建设乡
29		云南省楚雄彝族自治州双柏县爱尼山乡国家级全域森林康养试点建设乡
30		云南省红河哈尼族彝族自治州绿春县大兴镇国家级全域森林康养试点建设镇
31		云南省红河哈尼族彝族自治州屏边苗族自治县玉屏镇国家级全域森林康养试点建设镇

2021年国家级森林康养试点建设基地名单

编号	省份	国家级全域森林康养试点建设基地名称
1	北京市	北京市密云区云峰山森林康养基地
2	山西省	山西省太原市阳曲县天门关森林康养基地
3		山西省太原市迎泽区龙城森林公园森林康养基地
4		山西省晋城市高平市祈福山庄森林康养基地
5		山西省晋城市阳城县将军腰森林康养基地
6		山西省晋城市城区卧龙山森林康养基地
7		山西省晋中市和顺县云端之上森林康养基地
8		山西省晋中市和顺县坪松林场阳曲山森林康养基地
9		山西省晋中市寿阳县景尚林场森林康养基地
10		山西省忻州市五寨县五寨沟森林康养基地
11		山西省朔州市右玉县九连山森林康养基地
12	内蒙古自治区	（内蒙古森工集团）内蒙古自治区兴安盟阿尔山市阿尔山森林康养基地
13		（内蒙古森工集团）内蒙古自治区呼伦贝尔市牙克石市库都尔森林康养基地
14	辽宁省	辽宁省大连市旅顺口区大连大道森林康养基地
15		辽宁省朝阳市北票市大黑山森林康养基地
16		辽宁省丹东市宽甸满族自治县天桥沟森林康养基地
17		辽宁省锦州市义县五台沟森林康养基地
18	吉林省	（长白山森工集团）吉林省延边朝鲜族自治州和龙市甑峰岭森林康养基地
19		吉林省通化市东昌区白鸡峰森林康养基地

续表

编号	省份	国家级全域森林康养试点建设基地名称
20	黑龙江省	黑龙江省牡丹江市宁安市镜泊湖森林康养基地
21		（龙江森工集团）黑龙江省双鸭山市岭东区青山国家森林公园森林康养基地
22		（大兴安岭林业集团）黑龙江省大兴安岭松岭区鲜卑祖源风情文化森林康养基地
23		（大兴安岭林业集团）黑龙江省大兴安岭松岭区大扬气林场森林康养基地
24		（大兴安岭林业集团）黑龙江省大兴安岭新林区翠岗林场森林康养基地
25	江苏省	江苏省盐城市亭湖区盐城林场森林康养基地
26		江苏省常州市金坛区茅山森林康养基地
27		江苏省常州市溧阳市天目湖森林康养基地
28	浙江省	浙江省杭州市淳安县千岛湖羡山半岛森林康养基地
29		浙江省杭州市淳安县洞源村森林康养基地
30		浙江省杭州市余杭区长乐森林康养基地
31		浙江省杭州市桐庐县白云间森林康养基地
32		浙江省金华市金东区方山村森林康养基地
33		浙江省金华市磐安县玉山台地狮峰峡森林康养基地
34		浙江省温州市文成县天湖森林康养基地
35		浙江省湖州市长兴县林场森林康养基地
36		浙江省衢州市龙游县广和龙山酒店森林康养基地
37	安徽省	安徽省六安市舒城县仙女寨森林康养基地
38	福建省	福建省福州市连江县先生的山森林康养基地
39		福建省福州市五都观云山森林康养基地
40		福建省福州市连江县香山森林康养基地
41		福建省三明市大田县阳春村森林康养基地
42		福建省宁德市柘荣县九龙井森林康养基地
43		福建省泉州市丰泽区玉女山森林康养基地
44		福建省南平市光泽县五神山森林康养基地
45		福建省南平市延平区溪源峡谷森林康养基地
46		福建省莆田市涵江区旺江山森林康养基地
47	江西省	江西省赣州市安远县三百山森林康养基地

续表

编号	省份	国家级全域森林康养试点建设基地名称
48	山东省	山东省济南市南部山区世际园森林康养基地
49		山东省济南市南部山区波罗峪森林康养基地
50		山东省青岛市胶州市东艾天泽森林康养基地
51		山东省青岛市黄岛区灵珠山森林康养基地
52		山东省青岛市即墨区天柱梅谷森林康养基地
53		山东省淄博市淄川区齐山森林康养基地
54		山东省淄博市沂源县国有鲁山林场森林康养基地
55		山东省临沂市沂水县沂河森林康养基地
56		山东省东营市东营区揽翠湖森林康养基地
57		山东省威海市环翠区刘公岛林场森林康养基地
58		山东省聊城市冠县森林康养基地
59		山东省烟台市昆嵛山国家级自然保护区森林康养基地
60	河南省	河南省洛阳市嵩县龙王森林康养基地
61		河南省洛阳市嵩县天池山森林康养基地
62		河南省洛阳市洛宁县神灵寨森林康养基地
63		河南省商丘市永城市鱼山森林康养基地
64		河南省安阳市林州市花千谷森林康养基地
65		河南省许昌市鄢陵县紫荆庄园森林康养基地
66		河南省三门峡市卢氏县豫西百草园森林康养基地
67		河南省新乡市辉县市南太行森林康养基地
68		河南省鹤壁市浚县桃花深处森林康养基地
69		河南省焦作市博爱县月山寺森林康养基地
70	湖北省	湖北省恩施土家族苗族自治州咸丰县坪坝营林场森林康养基地
71		湖北省恩施土家族苗族自治州巴东县野三关镇源梦森林康养基地
72		湖北省恩施土家族苗族自治州利川市银溪谷森林康养基地
73		湖北省黄冈市黄梅县百福缘森林康养基地
74		湖北省随州市曾都区古银杏康养谷森林康养基地
75		湖北省黄石市阳新县金竹尖森林康养基地
76	湖北省	湖北省襄阳市保康县黄龙观森林康养基地

续表

编号	省份	国家级全域森林康养试点建设基地名称
77	湖北省	湖北省襄阳市保康县官山世外茶源森林康养基地
78		湖北省十堰市武当山旅游经济特区武当山·鲁家寨森林康养基地
79		湖北省十堰市郧阳区鑫榄源森林康养基地
80		湖北省十堰市茅箭区东沟景区森林康养基地
81		湖北省神农架林区红坪四季小镇森林康养基地
82		湖北省神农架林区松柏镇巴桃园森林康养基地
83		湖北省神农架林区新华镇神宇世界森林康养基地
84	湖南省	湖南省岳阳市岳阳县大云山森林康养基地
85		湖南省株洲市炎陵县炎陵大院森林康养基地
86		湖南省湘西自治州凤凰县中民凤凰康养谷森林康养基地
87		湖南省怀化市溆浦县满天星森林康养基地
88		湖南省株洲市芦淞区华亿庄园森林康养基地
89		湖南省常德市石门县东山峰森林康养基地
90	广东省	广东省深圳市宝安区融东森林康养基地
91		广东省广州市花都区福源森林康养基地
92		广东省广州市天河区岑村石仔岗森林康养基地
93		广东省清远市英德市连樟森林康养基地
94		广东省珠海市斗门区江湾山森林康养基地
95		广东省河源市紫金县鹰峰山森林康养基地
96		广东省河源市龙川县衍福盛世樱花森林康养基地
97	广西壮族自治区	广西壮族自治区桂林市平乐县乐塘云麓森林康养基地
98		广西壮族自治区玉林市容县都峤山森林康养基地
99		广西壮族自治区贵港市港北区平天山森林康养基地
100		广西壮族自治区南宁市江南区七坡立新森林康养基地
101	海南省	海南省三亚市天涯区凤凰谷森林康养基地
102		海南省昌江黎族自治县燕窝山森林康养基地
103		海南省保亭县神玉岛森林康养基地
104	四川省	四川省成都市金堂县梨花沟红叶森林康养基地
105		四川省巴中市通江县黄柏国有林场森林康养基地

续表

编号	省份	国家级全域森林康养试点建设基地名称
106	四川省	四川省巴中市通江县海鹰寺森林康养基地
107		四川省巴中市巴州区天马森林康养基地
108		四川省巴中市恩阳区章怀山森林康养基地
109		四川省巴中市南江县玉湖森林康养基地
110		四川省巴中市平昌县皇家山森林康养基地
111		四川省绵阳市北川羌族自治县九皇山森林康养基地
112		四川省凉山彝族自治州西昌市攀西邛海森林康养基地
113		四川省广元市剑阁县未见山森林康养基地
114	贵州省	贵州省黔东南州施秉县城关镇都市森林康养基地
115	云南省	云南省西双版纳傣族自治州勐腊县勐远仙境森林康养基地
116		云南省西双版纳傣族自治州勐海县勐景来森林康养基地
117		云南省红河哈尼族彝族自治州红河县康藤红河哈尼梯田森林康养基地
118		云南省红河哈尼族彝族自治州弥勒市新哨镇山兴村森林康养基地
119		云南省普洱市思茅区茶马古道森林康养基地
120		云南省普洱市宁洱哈尼族彝族自治县普德庄园森林康养基地
121		云南省普洱市镇沅县普洱千家寨爷号茶业森林康养基地
122		云南省大理白族自治州云龙县天池森林康养基地
123		云南省保山市腾冲市玛御谷温泉小镇森林康养基地
124		云南省保山市腾冲市大地茶海森林康养基地
125		云南省保山市腾冲市北海湿地森林康养基地
126		云南省文山壮族苗族自治州广南县六郎城·仙草秘境森林康养基地
127		云南省文山壮族苗族自治州富宁县鸟王山茶园风景区森林康养基地
128		云南省曲靖市富源县一带谷林场森林康养基地
129		云南省玉溪市华宁县百岁森林康养基地
130	甘肃省	甘肃省天水市清水县轩辕部落森林康养基地
131		甘肃省天水市秦州区青鹃山森林康养基地
132		甘肃省小陇山林业保护中心麦积植物园森林康养基地
133		甘肃省小陇山林业保护中心麻沿林场森林康养基地
134		甘肃省小陇山林业保护中心榆树林场森林康养基地

2021年中国森林康养人家名单

编号	省份	中国森林康养人家名称
1	山西省	山西省晋城市高平市创新小镇森林康养人家
2		山西省晋城市高平市婚庆小镇森林康养人家
3		山西省晋城市阳城县牛心温·坪下石屋森林康养人家
4		山西省晋城市阳城县杨柏山风情小镇森林康养人家
5		山西省晋城市阳城县醉美劝头森林康养人家
6	黑龙江省	（大兴安岭林业集团）黑龙江省大兴安岭新林林业局宏图林场森林康养人家
7	浙江省	浙江省金华市永康市龙青谷森林康养人家
8	安徽省	安徽省黄山市歙县山水画廊丝绸文化园森林康养人家
9	福建省	福建省三明市将乐县龙栖山森林康养人家
10		福建省南平市武夷山市苑芳森林康养人家
11		福建省南平市武夷山市枫林谷森林康养人家
12		福建省南平市延平区红河谷森林康养人家
13	江西省	江西省南昌市安义县斐然生态园森林康养人家
14	山东省	山东省德州市乐陵市力拓森林康养人家
15		山东省青岛市黄岛区青岛藏马山悠然谷森林康养人家
16		山东省淄博市淄川区黛青山森林康养人家
17		山东省烟台市海阳市道来开森林康养人家
18		山东省临沂市蒙阴县沂蒙山·养心森林康养人家
19	河南省	河南省济源市南山珍福生态园森林康养人家
20		河南省许昌市鄢陵县金雨玫瑰森林康养人家
21	湖北省	湖北省荆门市东宝区大坡寨家庭农场森林康养人家
22	湖北省	湖北省咸宁市嘉鱼县金色年华森林康养人家
23	四川省	湖北省神农架林区松月拾光森林康养人家
24		湖北省襄阳市保康县花千谷森林康养人家
25		湖北省襄阳市保康县过渡湾梅花寨森林康养人家
26		湖北省襄阳市保康县五交界森林康养人家
27		湖北省襄阳市保康县云溪山庄森林康养人家
28		湖北省襄阳市保康县店垭镇神农森林康养人家
29		湖北省襄阳市保康县寨湾村张忠银森林康养人家
30		四川省巴中市南江县太平山牡丹园森林康养人家
31		四川省广元市朝天区柏云旅游渡假合作社森林康养人家

续表

编号	省份	中国森林康养人家名称
32	云南省	云南省普洱市墨江哈尼族自治县景星水之灵古茶森林康养人家
33		云南省楚雄彝族自治州楚雄市青石峡森林康养人家
34		云南省文山壮族苗族自治州广南县五福山森林康养人家
35		云南省文山壮族苗族自治州砚山县龙坝岗森林康养人家
36		云南省文山壮族苗族自治州砚山县清水湾森林康养人家
37	山西省	陕西省商洛市柞水县终南印象森林康养人家

附录 8　依托林草资源发展生态旅游典型案例

序号	省份	类型	申报单位名称
1	天津	森林旅游	中国天津盘山风景名胜区管理局
2	河北	森林旅游	国营涞源县白石山国有林场
3		森林康养	河北仙台山国家森林康养基地
4	内蒙古自治区	森林体验	赤峰市旺业甸多功能森林体验基地有限公司
5		森林康养	红花尔基樟子松国家森林公园
6		森林旅游	内蒙古滦河源国家森林公园
7	辽宁	湿地旅游	辽宁铁岭莲花湖国家湿地公园
8		冰雪旅游	千山国家级风景区（千山老院子景区）
9	黑龙江	森林旅游	黑龙江省凤凰山国家森林公园
10		森林旅游	五营区国家森林公园
11		冰雪旅游	雪乡国家森林公园
12	江苏	森林旅游	江苏黄海海滨国家森林公园管理中心
13	浙江	湿地旅游	杭州西溪国家湿地公园
14	安徽	森林旅游	安徽天堂寨国家森林公园
15		森林旅游	安徽九华天池省级森林公园
16		森林康养	安徽天柱山森林公园
17	山东	森林康养	青岛西海岸新区灵山岛省级自然保护区
18		森林康养	山东九如山瀑布群自然公园有限公司
19		湿地旅游	微山湖湿地集团有限公司
20		湿地旅游	山东黄河三角洲国家级自然保护区管理委员会
21		森林旅游	原山国家森林公园

续表

序号	省份	类型	申报单位名称
22	福建	森林康养	泰宁境元森林康养基地
23		森林康养	龙岩市地质公园保护发展中心
24		森林康养	德化石牛山国家森林公园保护发展中心
25	湖北	森林康养	湖北太子山国家森林公园
26		森林康养	大冶市龙凤山农业开发集团有限公司
27		森林旅游	英山县国有吴家山国家森林公园
28		森林康养	宜昌百里荒生态农业旅游开发有限公司
29	湖南	森林旅游	常德市桃花源国家森林公园管理处
30		森林旅游	湖南天门山国家森林公园管理处
31		森林旅游	湖南攸州国家森林公园管理局
32		森林旅游	九嶷山国家森林公园管理局
33	海南	森林旅游	海南兴科兴隆热带植物园开发有限公司
34		森林旅游	海南三亚亚龙湾云天热带森林公园有限公司
35	广西壮族自治区	森林旅游	广西贺州市姑婆山林场
36	重庆	森林旅游	山王坪喀斯特国家生态公园
37		森林旅游	重庆市武隆区仙女山国家森林公园管理处
38		森林旅游	红池坝国家森林公园管理服务中心
39	四川	森林旅游	四川省唐家河国家级自然保护区管理处
40		森林旅游	理县毕棚沟旅游开发有限公司
41		森林康养	四川南江光雾和谷旅游开发有限公司
42		森林康养	玉屏山国家森林康养基地
43		森林康养	四川洪雅七里坪半山旅游开发有限公司
44	贵州	森林康养	贵州遵义凤冈县森林康养基地试点建设县
45		森林旅游	大方县油杉河风景区管理委员会
46		森林旅游	贵州百里杜鹃旅游开发投资公司
47	陕西	森林旅游	陕西太白山国家森林公园
48		森林康养	陕西黑河国家森林公园
49		冰雪旅游	陕西龙头山森林公园
50	新疆维吾尔自治区	森林旅游	新疆天池管理委员会（天池博格达峰自然保护区管理局、新疆天山天池名胜区管理委员会）
51		湿地旅游	昭苏县林业和草原局
52	青海	森林旅游	互助县八音庄园森林人家
53		森林康养	青海省互助土族自治县北山林场
54		森林康养	青海省峡群寺森林公园

续表

序号	省份	类型	申报单位名称
55	大兴安岭林业集团	森林康养	大兴安岭百泉谷森林康养旅游有限公司
56		森林旅游	大兴安岭集团公司阿木尔林业局兴安管护区
57		森林康养	大兴安岭集团公司阿木尔林业局龙河管护区
58	吉林长白山森工集团	湿地旅游	大石头亚光湖国家湿地公园
59		冰雪旅游	长白山森工集团老白山原始生态风景区
60		森林旅游	吉林长白山北坡国家森林公园